圆育克和从上向下钩织的毛衫

轻松钩织实用款背心

柔软、飘逸的马海毛服饰

※本书编织图中未标明单位的数字均以厘米（cm）为单位

用粗线快速钩织的背心

用粗线钩织作品时，
速度快得惊人。
因为线很粗，
成品款式宽大、内含空气，
所以非常轻。

M号

01

竹节花式纱线忽粗忽细，变化丰富，适合钩织简单花样。因为一行较高，所以钩织进度很快，非常有成就感。

设计 / 河合真弓
制作 / 石川君枝
使用线 / Wister Stella
编织方法 / P41

02

原白色中随意点缀着彩色，这是一款令人心情愉悦的毛线。即使花样很小，粗线钩织的效果依然夺人眼球。

设计 / 林久仁子
使用线 / Wister Rigato
编织方法 / P43

均码

03

活用长针和短针的行高差，可以钩织出V字领的效果。因为使用了松软的线，所以钩织的背心很合身，穿脱也方便。

设计 / 柴田 淳
使用线 / Wister Aria
编织方法 / P44

均码

04

这款套头衫的编织花样中以锁针为主钩织的一行非常高。下摆的开衩设计，更便于活动。

设计 / 武田敦子
制作 / 亚砂子
使用线 / Wister Aria
编织方法 / P46

05

这件作品在大披肩上留出了袖口，可以作为背心穿着，也可以作为披肩搭配。虽然是镂空花样，但是马海毛有绒毛，还是很暖和的。

设计 / 冈本真希子
使用线 / Wister Supra
编织方法 / P49

花样简单的基础款套头衫

由小花样组合出的编织花样，
熟练后就能钩得很快。
都是可轻松穿着、随意搭配的套头衫。

06

在石墙花样中加入方眼针，就钩织出了这款可轻松完成的套头衫。镂空花样也非常漂亮。

设计 / 柴田 淳
使用线 / Wister纯毛中细毛线
编织方法 / P52

L号

07

这是一款身片和袖子部分钩织了不同花样的套头衫，插肩袖设计。再钩织一双配套的保暖暖袖，一起享受不同穿法的乐趣吧！

设计／横山纯子

使用线／Wister纯毛中细毛线

编织方法／P55

M号

08

这款套头衫有长方形的直编身片，只需再拼接肩部和胁部即可完成。仅会钩织围巾的朋友也可以来挑战这款作品。雅致的色调非常漂亮。

设计 / 河合真弓
制作 / 松本良子
使用线 / Wister 耐洗粗毛线
编织方法 / P60

M号

L号

09

拉长针目的七宝针花样使织片变得柔软，穿在身上的感觉也是超级棒。V字领可配不同的内搭，穿出不同的效果。

设计 / 镰田惠美子
制作 / 饭塚静代
使用线 / Wister耐洗粗毛线
编织方法 / P62

M号

L号

圆育克和从上向下钩织的毛衫

圆育克和从领口或肩部向下钩织的上衣，不仅方便变换编织花样，还方便调整衣长。

10

弧度漂亮的圆育克，不仅不会给人孩子气的感觉，反而突显了女性的柔美线条。本作品使用了雅致的银灰色线钩织。

设计 / 林 久仁子
使用线 / Wister Sylphide Mohair
编织方法 / P64

M号

11

金褐色的深、浅段染给人秋天的视觉印象，用夹入了少量金银丝线的结子花式线钩织出这件开衫。搭配鲜艳的芥末黄色和深棕色线，提前感受季节的变换。

设计 / 柴田 淳
使用线 / Wister Lady
编织方法 / P66

均码

12

这件短款圆下摆的可爱风短上衣给人复古的感觉。黑色和灰色的搭配，打造出一种成熟的美。

设计 / 镰田惠美子
使用线 / Wister Grace Merino Lame
编织方法 / P71

13

随着编织花样从肩部向下摆方向慢慢扩散，下摆自然伸展的轮廓变得清晰又耐看，渐变色也非常漂亮。

设计 / 武田敦子
制作 / 饭塚静代
使用线 / Wister Kaylee
编织方法 / P68

轻松钩织实用款背心

无袖背心穿着时不仅方便活动，而且适合各种场合，多准备几件也无妨。可以很快钩织完成，非常适合忙碌的朋友。

14

先钩织前身片半圆形的下摆，然后从下摆挑针钩织身片。因为是用的段染线，所以下摆的色彩变化非常有趣。

设计 / 冈本真希子
使用线 / Wister Lady
编织方法 / P74

15

这是一件在腰部切换钩织2种不同花样的基础款背心。无论是用同色系还是对比色搭配，钩织出来的作品都非常华丽。

设计 / 冈本真希子
使用线 / M号 Wister Grace Merino Lame
L号 Wister Grace Merino
编织方法 / P80

L号

16

这款深蓝色背心纵向排列的编织花样清晰明了。搭配白色衬衫和蝴蝶结领，给人优等生的感觉。

设计 / 林 久仁子
使用线 / Wister Grace Merino
编织方法 / P77

M号

均码

17

在鲜艳的蓝色中随意加入多种色彩的粗纱形成了这款非常轻的纱线。这种针法每行高度较高，钩织的进度很快。这是在肩部和下摆开衩的款式。

设计 / 横山纯子
使用线 / Wister Colorista
编织方法 / P84

柔软、飘逸的马海毛服饰

颜色漂亮、轻柔暖和的马海毛是秋冬季节最适合的素材。沉闷的冬季也因为马海毛衣物变得更加多姿多彩。

18

笔直排列在身片和袖子上的菠萝花样，果然是钩针编织中不可或缺的。七分袖开衫方便穿脱，非常实用。

设计 / 横山纯子
使用线 / M号 Wister Elegance Mohair
L号 Wister Mohair
编织方法 / P90

L号

19

这是一款直接使用长绒毛、夹金银丝的马海毛线钩织的束腰上衣，没有加减针和边缘编织，可以很快钩织完成，是件既简单、漂亮又赏心悦目的作品。

设计 / 河合真弓
制作 / 羽生明子
使用线 / Wister Supra
编织方法 / P61

20

这件开衫身片的大块编织花样非常吸引人，是富有个性的一款，可以轻松穿着。后身片下摆加长，更加别致。

设计 / 武田敦子
制作 / 亚砂子
使用线 / Wister Sylphide Mohair
编织方法 / P87

21

钩织大花片拼接成了这条小围巾。漂亮的紫红色有提亮肤色的效果。

设计 / 林 久仁子
使用线 / Wister Sylphide Mohair
编织方法 / P86

22

这条围巾看起来好像是花片的简单拼接，但其实是不用断线就能钩织完成的连编花片。因为线头的处理很少，钩织起来非常轻松。本作品使用了漂亮的嫩绿色线钩织。

设计 / 横山纯子
使用线 / Wister Mohair
编织方法 / P95

本书使用线材介绍（图片为实物粗细）

	线材名称	成分	颜色数	规格线长	粗细	使用针号	棒针平针标准密度（钩针长针标准密度）
1	Wister Lady	腈纶83% 尼龙11% 涤纶6%	4	80g／团 约145m	中粗	棒针 8 ～ 10号	14、15针，18、19行
2	Wister Kaylee	腈纶73% 羊毛24% 人造丝3%	4	80g／团 约144m	中粗	棒针6~8号 钩针6/0~8/0号	17、18针，23、24行
3	Wister Stella	腈纶72%　涤纶3% 羊毛15%　尼龙1% 羊驼毛9%	5	40g／团 约48m	超级粗	棒针14号~7mm 钩针10/0号~7mm	10~12针，14~17行
4	Wister Aria	羊毛52% 腈纶42% 尼龙6%	4	40g／团 约60m	超级粗	棒针14号~7mm 钩针10/0号~7mm	10~12针，16~18行
5	Wister Rigato	羊毛50% 腈纶50%	5	40g／团 约42m	超级粗	棒针15号~7mm 钩针7~8mm	11、12针，16、17行
6	Wister Colorista	腈纶62%　尼龙5% 羊毛25% 羊驼毛8%	6	40g／团 约72m	中粗	棒针9~11号 钩针7/0~8/0号	14~16针，21~23行
7	Wister Supra	马海毛35%　腈纶15% 尼龙30%　涤纶3% 羊毛17%	4	25g／团 约75m	中粗	棒针8~10号 钩针7/0~8/0号	14、15针，17~20行
8	Wister Grace Merino	羊毛（超细美丽奴）100%	7	40g／团 约120m	粗	棒针5~6号 钩针4/0~5/0号	22、23针，30~32行 （24针，11.5行左右）
9	Wister Grace Merino Lame	羊毛（超细美丽奴）95% 涤纶5%	5	40g／团 约124m	粗	棒针5~6号 钩针4/0~5/0号	22、23针，30~32行 （24针，11.5行左右）
10	Wister耐洗粗毛线	羊毛（防缩加工）100%	15	30g／团 约90m	粗	棒针5~6号 钩针5/0号	22针，29行左右 （20针，11行左右）
11	Wister纯毛中细毛线	羊毛100%	13	30g／团 约120m	中细	棒针3号 钩针3/0号	28针，37行左右 （25针，12行左右）
12	Wister Sylphide Mohair	腈纶70% 马海毛30%	7	30g／团 约90m	中粗	棒针7~8号 钩针5/0~6/0号	18、19针，24、25行 （20针，9.5行左右）
13	Wister Elegance Mohair	腈纶70% 马海毛30%	9	25g／团 约103m	粗	棒针5~6号 钩针4/0号	18针，24行 （19针，10行）
14	Wister Mohair	腈纶60% 马海毛40%	12	25g／团 约103m	粗	棒针5~6号 钩针4/0号	18、19针，23、24行

●线的粗细是比较概括的表述，标准密度是厂家提供的数据。

钩针编织基础

起针

锁针起针

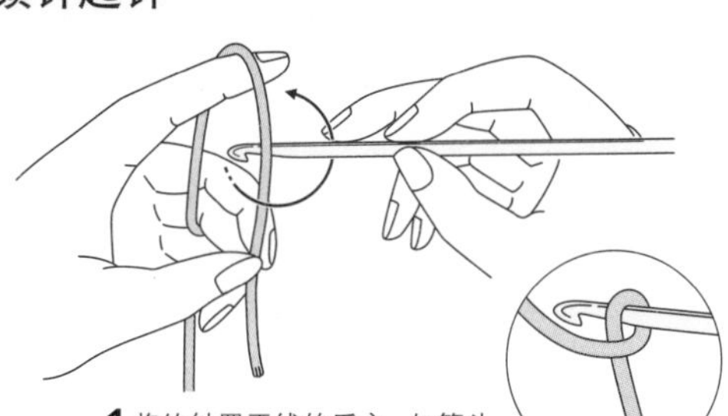

1 将钩针置于线的后方，如箭头所示转动1圈，将线绕在钩针上。

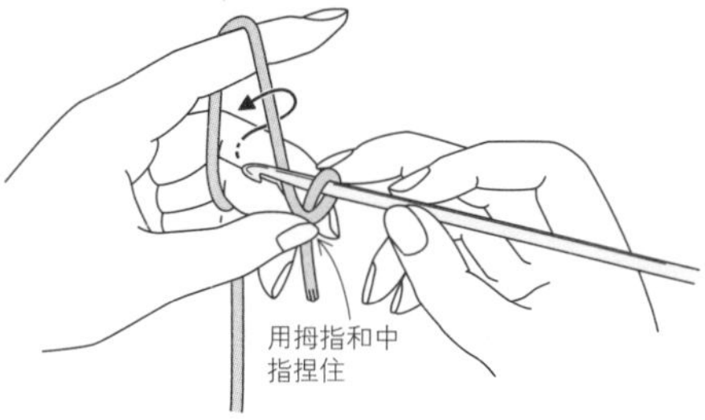

2 用左手的拇指和中指捏住线的交叉处，如箭头所示转动钩针挂线。

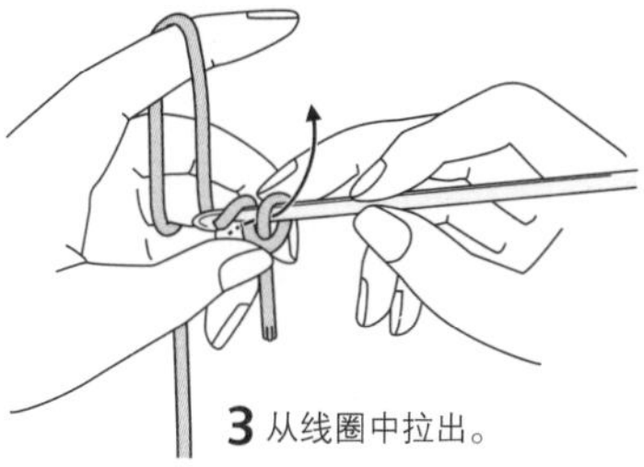

3 从线圈中拉出。

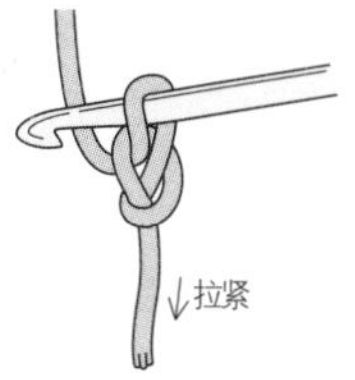

4 拉紧线头，收紧线圈。

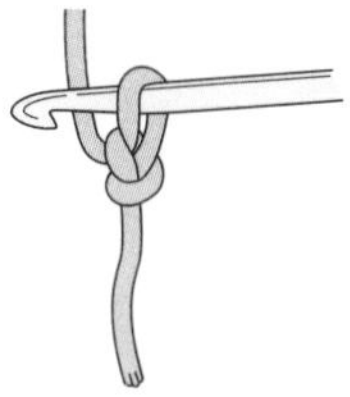

5 最初的针目完成。这个针目并不包含在起针数内。

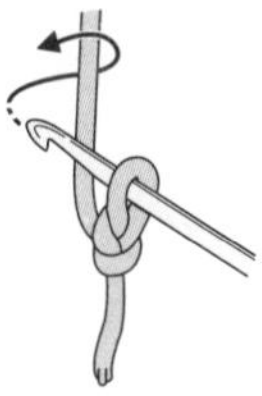

6 如箭头所示在钩针上挂线。

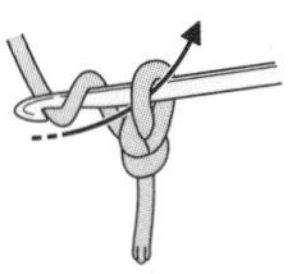

7 从线圈中拉出。

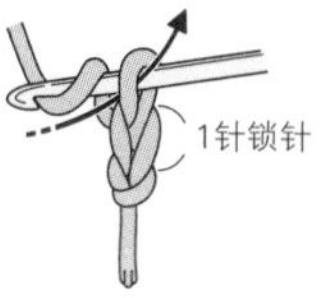

8 接着，重复“在钩针上挂线，从线圈中拉出线”。

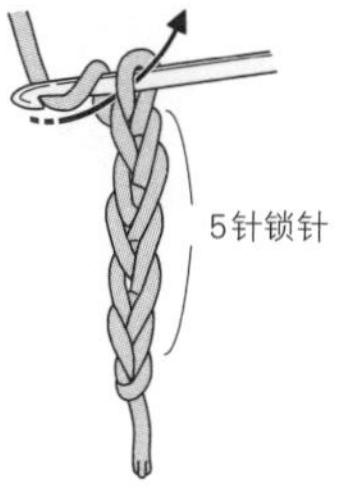

9 5针锁针完成后的状态。

从起针处挑针

根据织片的需要，分为从起针锁针的里山挑针、从锁针的半针挑针、从锁针的半针和里山挑针3种情况。

锁针的正面、反面和锁针的里山。

正面

反面

●从锁针的里山挑针

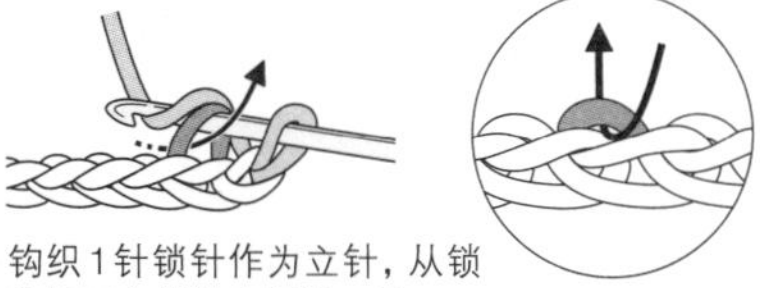

钩织1针锁针作为立针，从锁针的里山挑针钩织第1行。

●从锁针的半针挑针

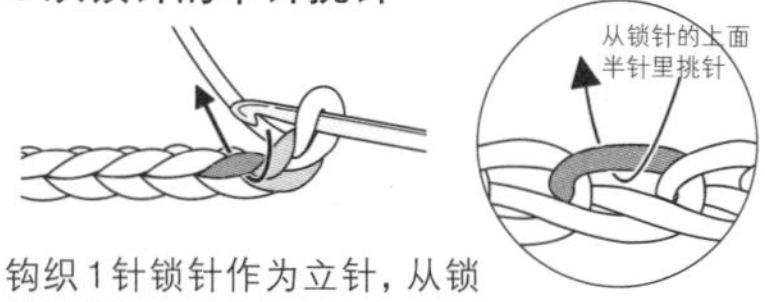

钩织1针锁针作为立针，从锁针的半针挑针钩织第1行。

●从锁针的半针和里山挑针

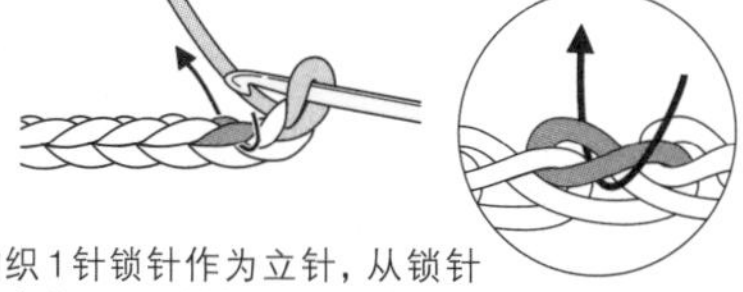

钩织1针锁针作为立针，从锁针的半针和里山挑针钩织第1行。

钩织锁针引拔成环的方法 ●钩织花片的时候适用

1 钩织所需针数的锁针。

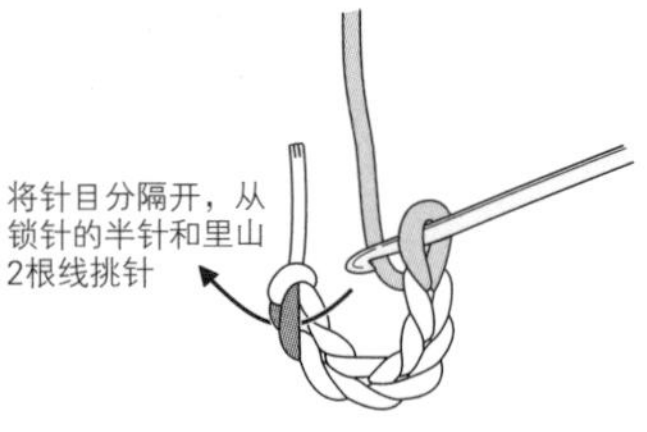

2 将钩针插入起针的第1针锁针的外侧半针和里山2根线里。

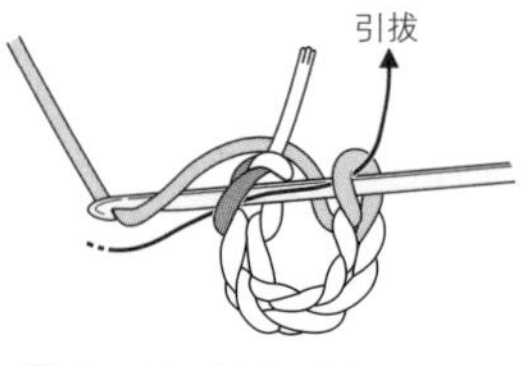

3 在钩针上挂线引拔。

4 钩织锁针引拔成环。

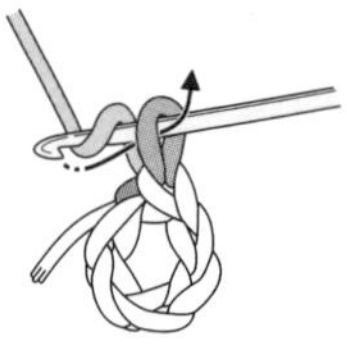

5 钩织1针锁针作为立针。

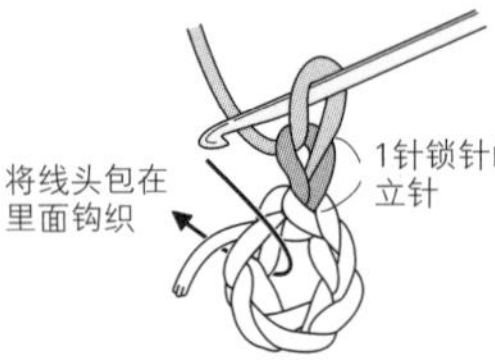

6 将线头包在里面钩织。

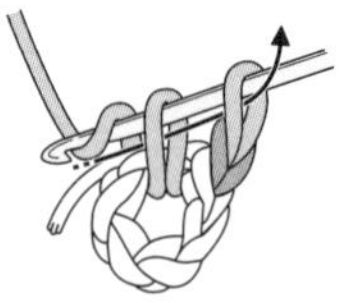

7 将钩针插入锁针环中，将线拉出（钩的时候将线头包在里面）。

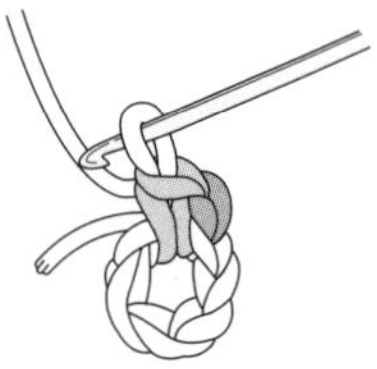

8 1针短针完成。

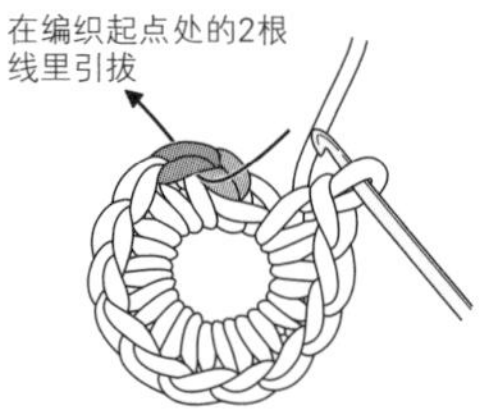

9 钩至所需针数后，将钩针插入编织起点处第1针短针的顶部。

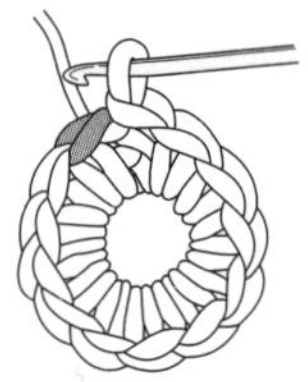

10 在钩针上挂线引拔。

●从1个针目里挑取1针
（钩织衣物等针数较多的织物时适用）

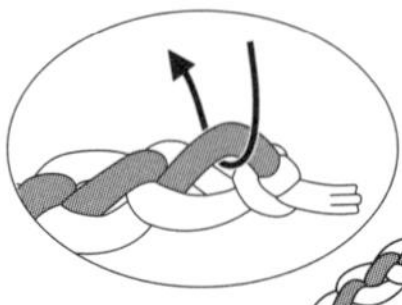

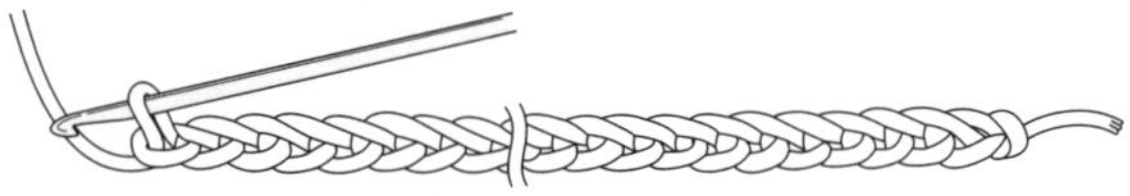

1 钩织所需针数的锁针。

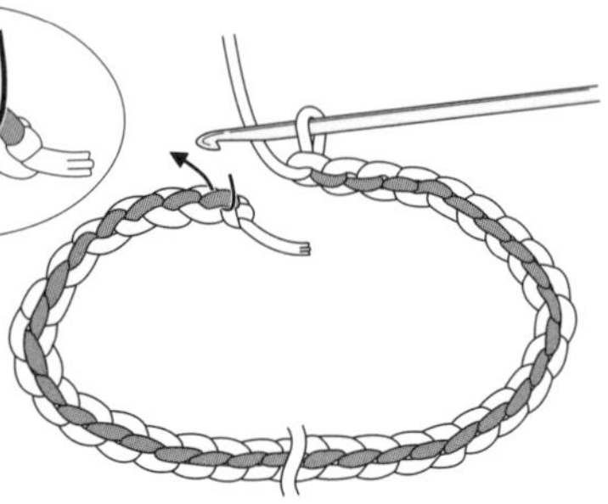

2 将锁针的里山置于正面，摆成环状。将钩针插入开始钩织的第1针锁针的里山。

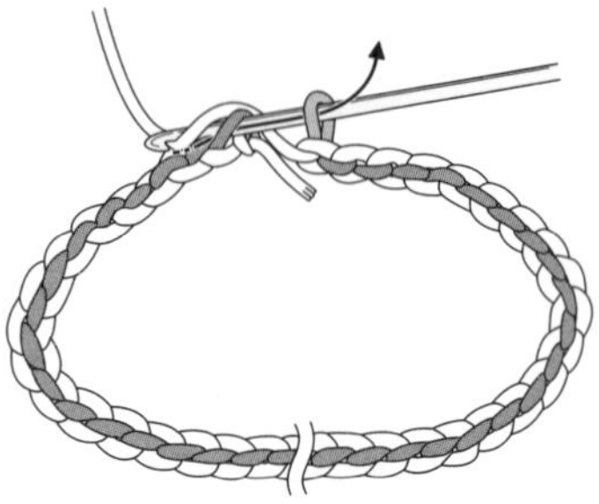

3 在钩针上挂线，将线引拔出。

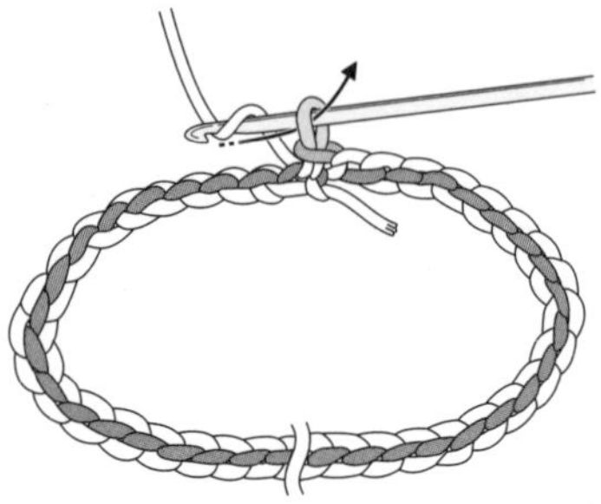

4 钩织1针锁针作为立针。

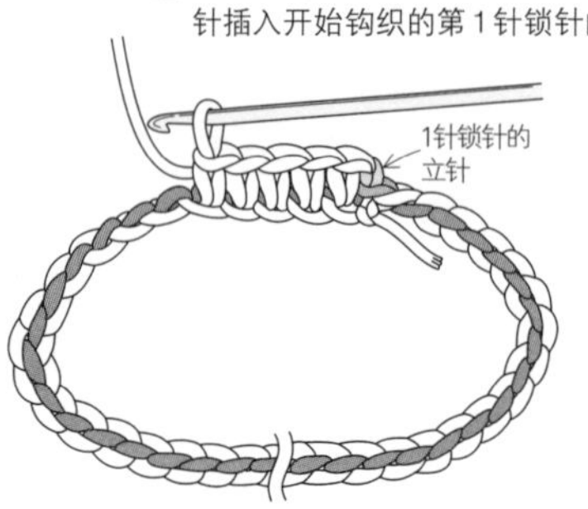

5 从锁针的里山挑针钩织第1行。

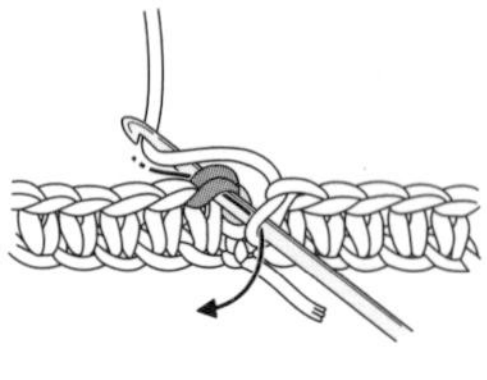

6 钩织结束时，在钩织起点的第1针的顶部2根线里引拔。

渡线后继续钩织的方法

在袖窿和领窝等处减针时，不断线，渡线后继续钩织。

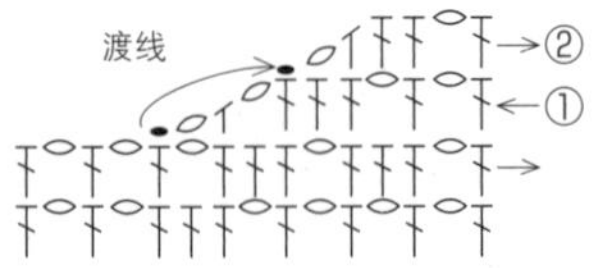

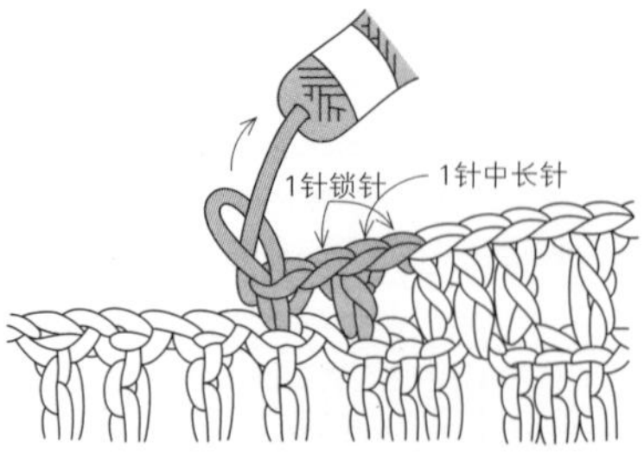

1 将第1行钩织结束时的针目拉大，将线团从针目里穿过后拉紧。

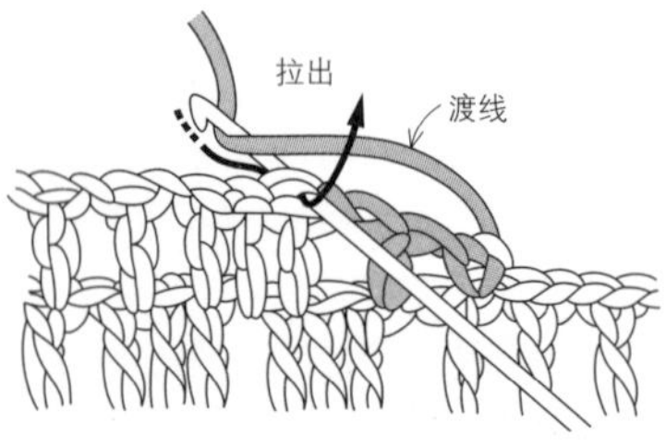

2 将织片逆时针方向翻面，渡线至指定位置后继续钩织。

缝合方法

接缝方法

●用短针和锁针接缝

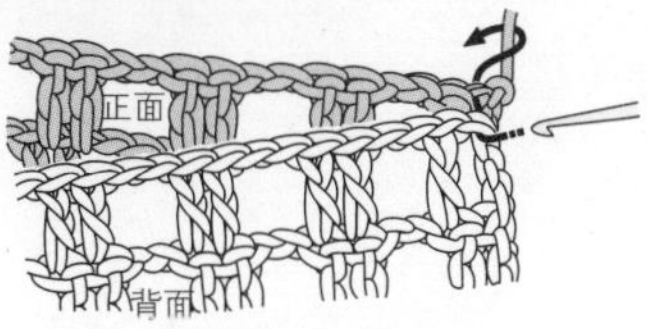

1 将2块织片正面相对，将钩针一起插入2块织片最后1行针目的头部2根线里。将钩织结束时的线头挂在钩针上。

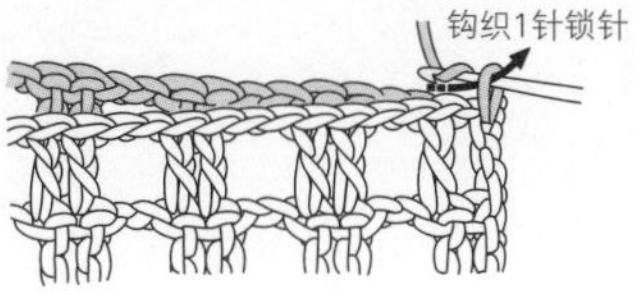

2 将线引拔穿过2块织片。钩织1针锁针。

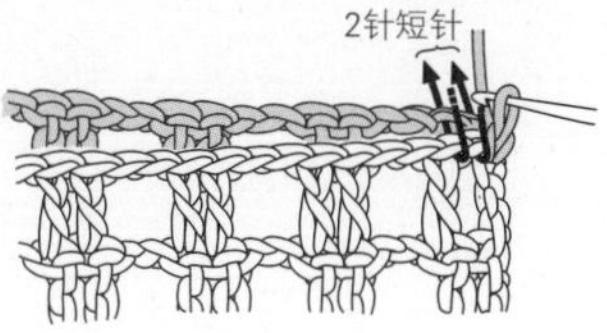

3 将钩针插入2块织片的长针顶部2根线里，钩织短针。

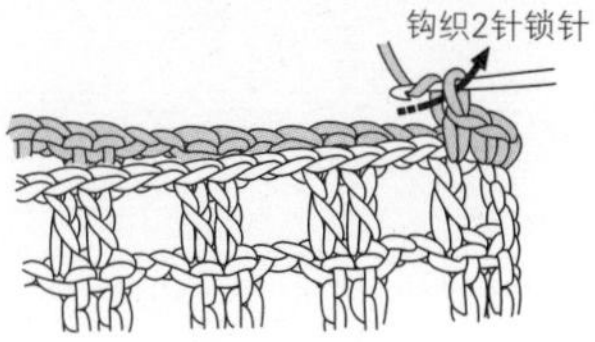

4 织片上锁针的部分钩织2针锁针（与织片的针数一致）。

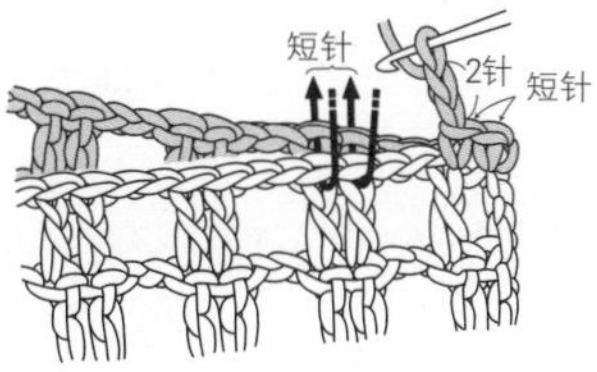

5 在2块织片下一处长针的顶部2根线里再一起钩织2针短针。

●用引拔针和锁针接缝

针数根据织片调整

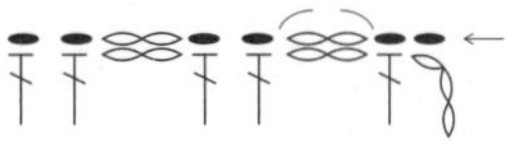

与“用短针和锁针接缝”的要领相同，将短针变成引拔针钩织。

●挑取锁针的半针做卷针缝缝合

将手缝针插入针目头针的外侧半针。

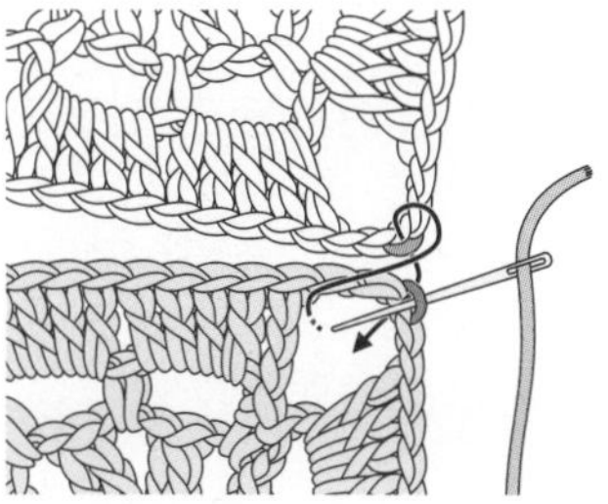

1 将织片的正面对齐，如箭头所示插入手缝针。

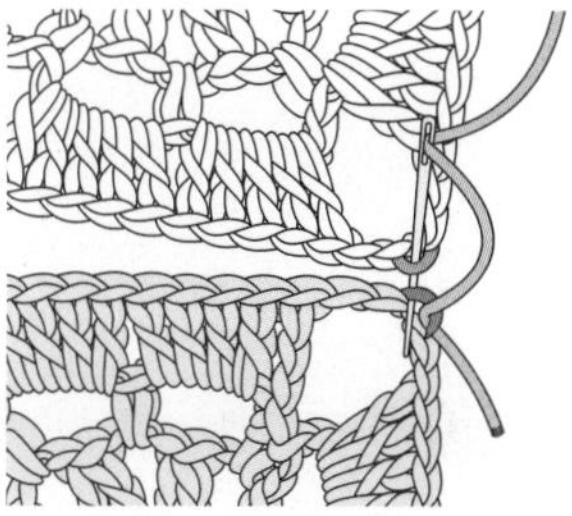

2 插入手缝针后的状态。将缝线拉出。

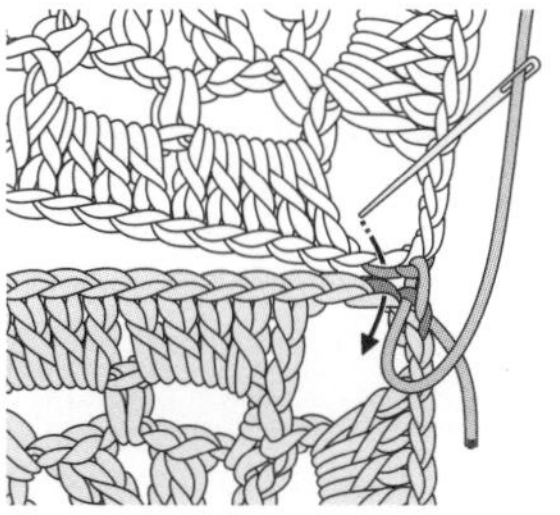

3 锁针后面的针目也如箭头所示插入手缝针。

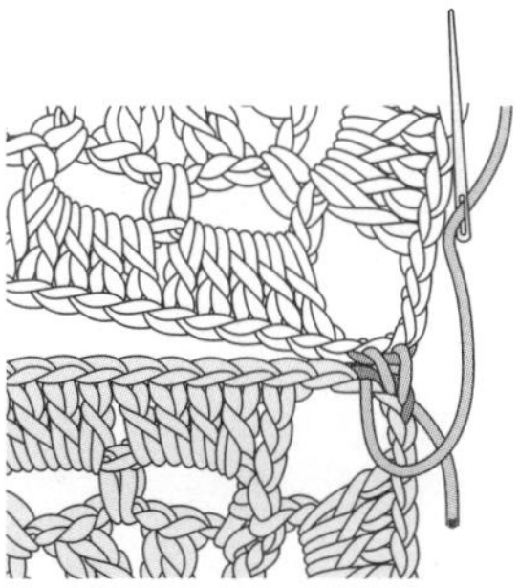

4 将缝线拉出。

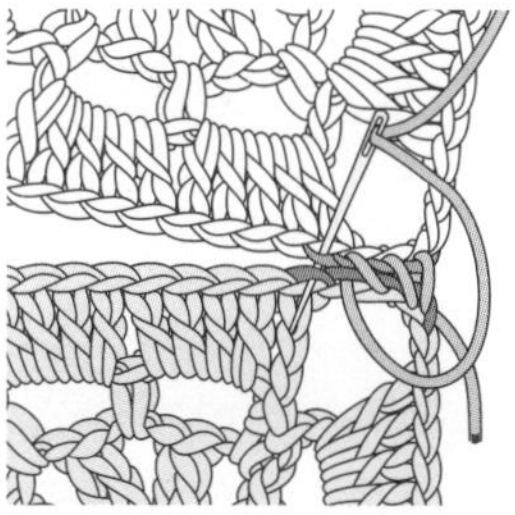

5 针目是长针时，一样将手缝针依次插入长针头针的外侧半针，将缝线拉出。

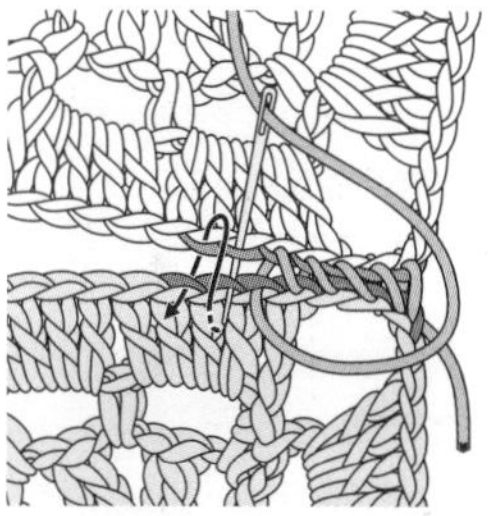

6 重复步骤5。锁针针目也如步骤3所示插入手缝针，将缝线拉出。

●卷针缝缝合

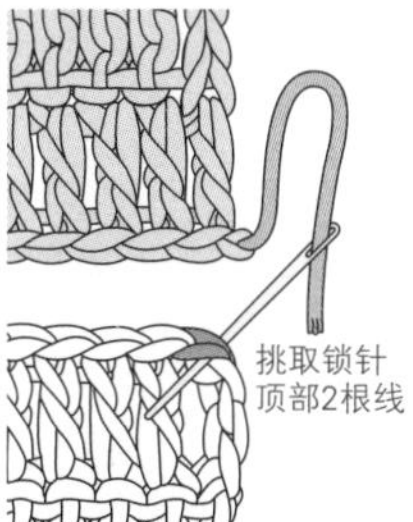

1 将织片的正面对齐，用手缝针挑取下方织片最后一行锁针的顶部2根线，将缝线拉出。

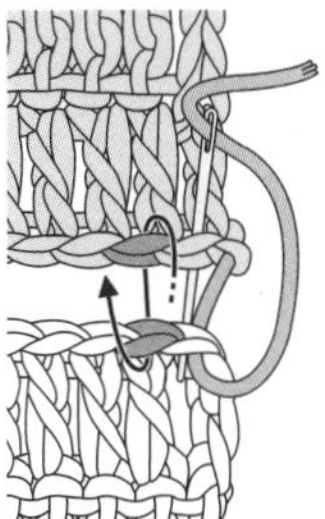

2 总是从一个方向（从上方织片往下方织片）插入手缝针，一针一针缝合。

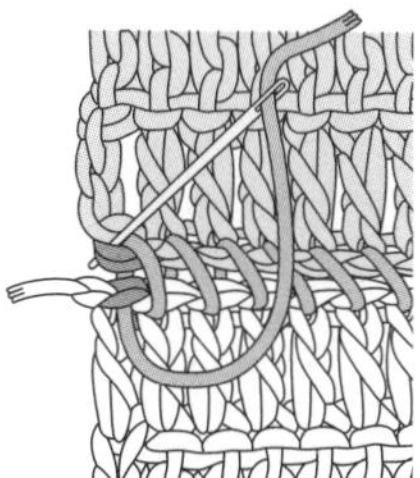

3 结束时在同一个地方穿过2次手缝针，调整缝线的松紧后缝合。

●挑针缝合

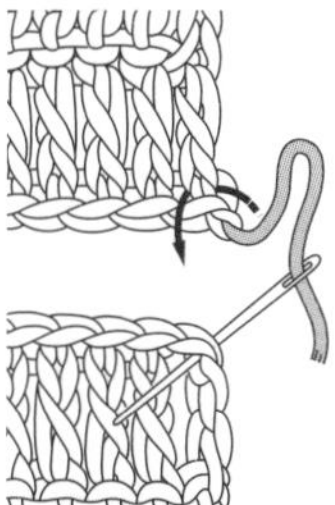

1 将织片的正面对齐，用手缝针挑取下方织片最后一行的锁针顶部2根线，如箭头所示，再挑取上方织片的长针顶部，将缝线拉出。

2 下方织片挑取刚才一针的半针和下一针的半针，上方织片如箭头所示挑取长针的顶部。

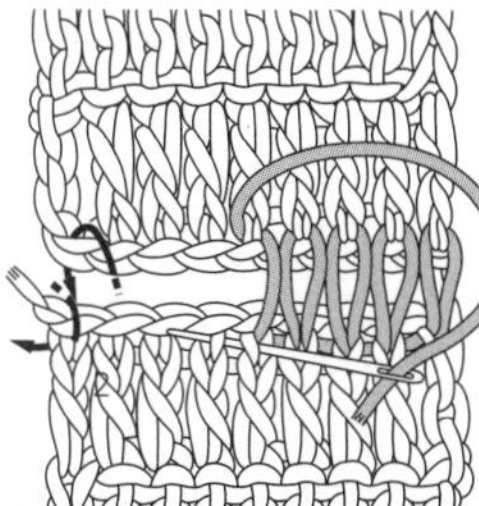

3 重复步骤2交替缝合，将缝线拉至看不出针脚。最后如箭头所示插入手缝针。

接合方法

●用引拔针和锁针接合

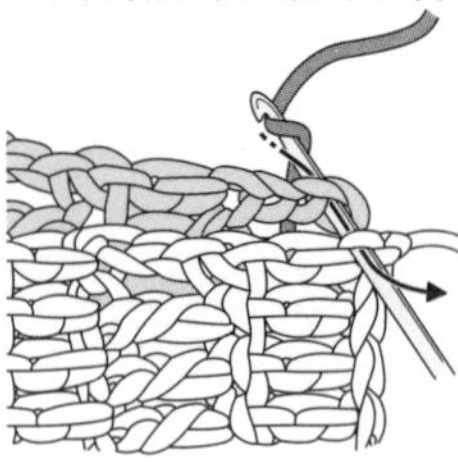

1 将2块织片正面相对，首先将钩针插入2块织片起针的锁针里。在钩针上挂线，引拔穿过2块织片。

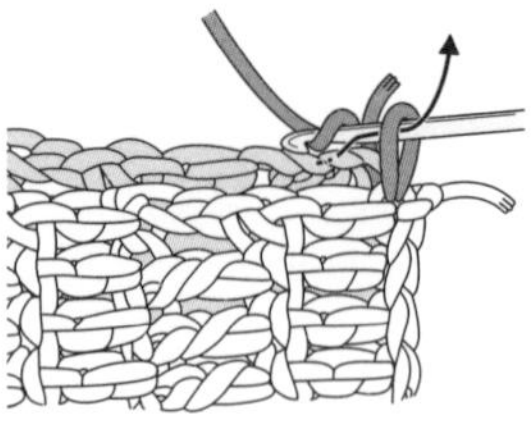

2 钩织1针锁针。

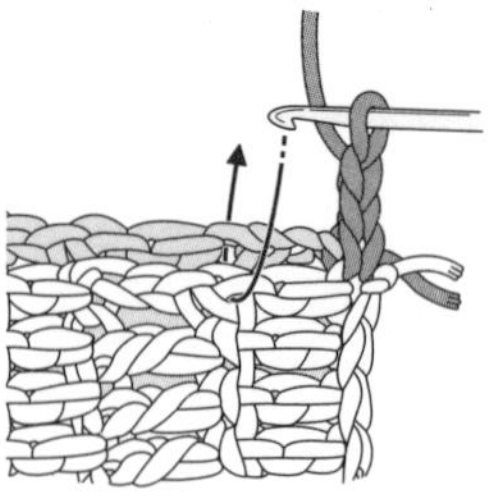

3 根据到下个针目顶部的距离钩织所需针数的锁针。将钩针插入2块织片边缘的顶部。

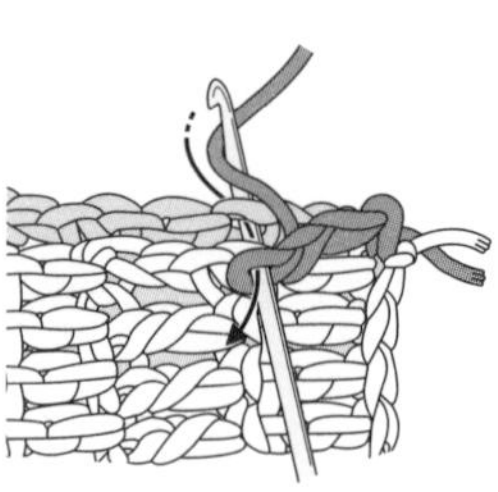

4 钩织引拔针收紧固定。

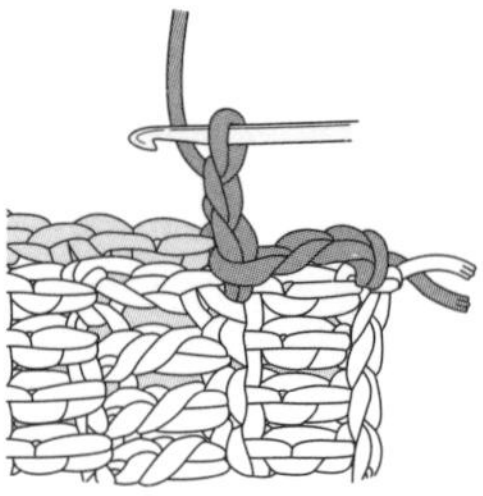

5 重复步骤3、4。

●引拔接合

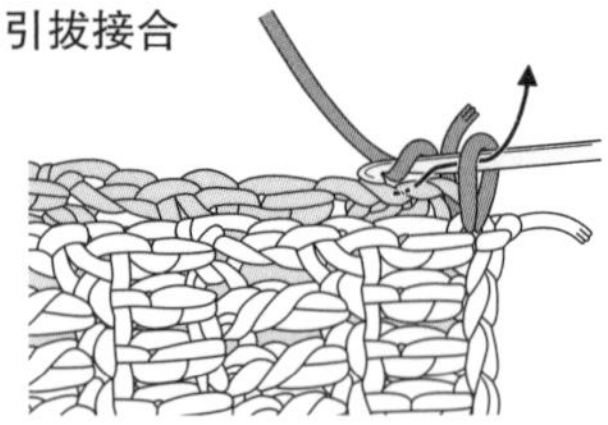

2 步骤1与“用引拔针和锁针接合”的步骤1相同。钩织1针锁针。

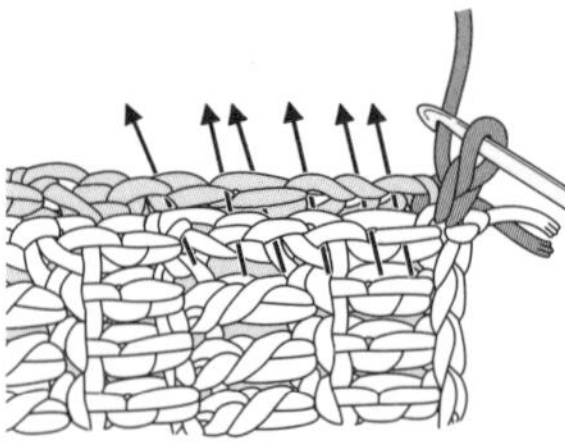

3 箭头所示为插入钩针的位置。

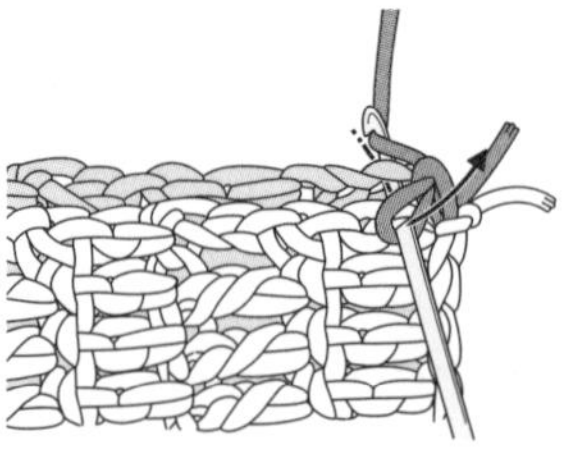

4 将边缘针目分隔开插入钩针，钩织引拔针拉紧固定。接下来继续在2块织片边缘钩织引拔针。

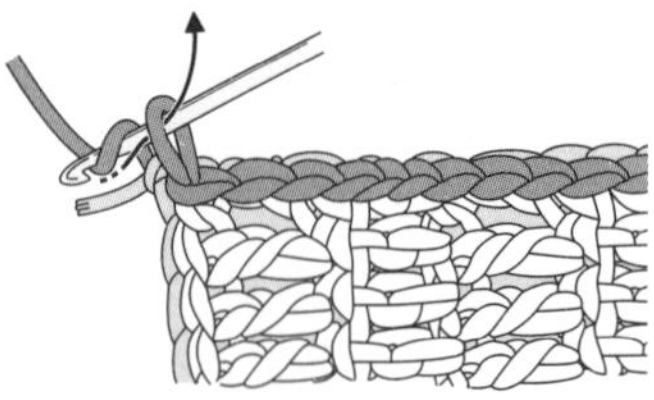

5 引拔时针目不要拉得太紧或太松，贴合织片的针目做引拔。

●挑针缝合

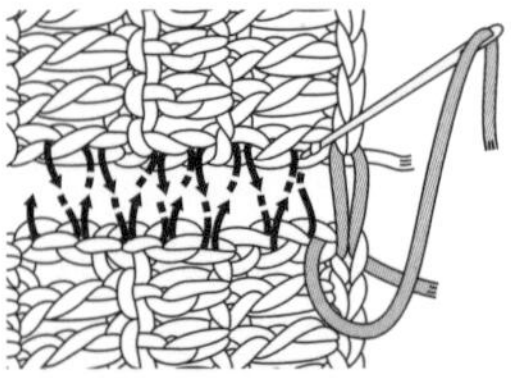

1 将2块织片的正面对齐，将边缘针目分隔开插入手缝针挑取，拉出缝线。

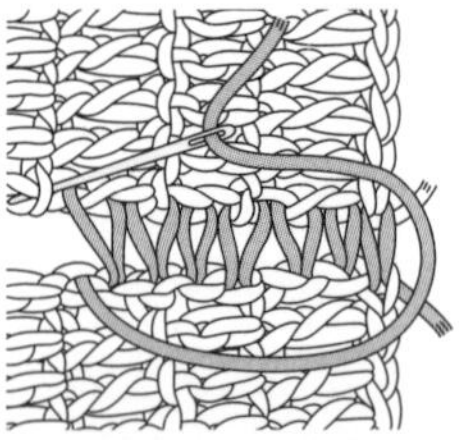

2 将边缘针目交替分隔开插入手缝针挑取，拉出缝线。

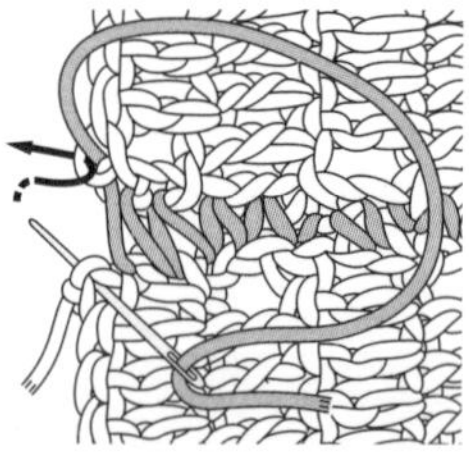

3 拉紧缝线至看不出针脚为止。最后如箭头所示插入手缝针。

花片的连接方法

●钩织时用引拔针连接

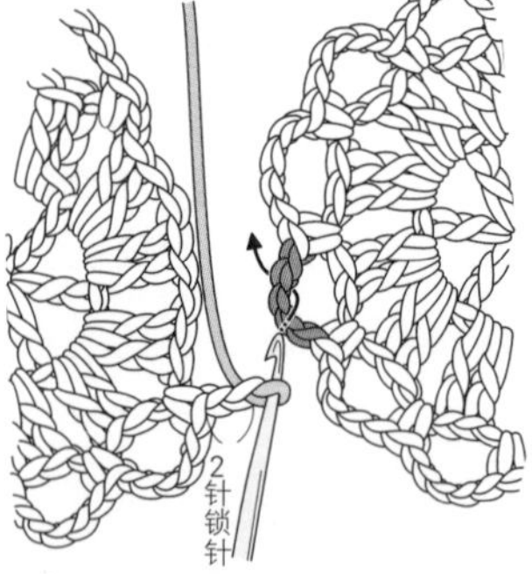

1 从第1块花片的上方插入钩针。

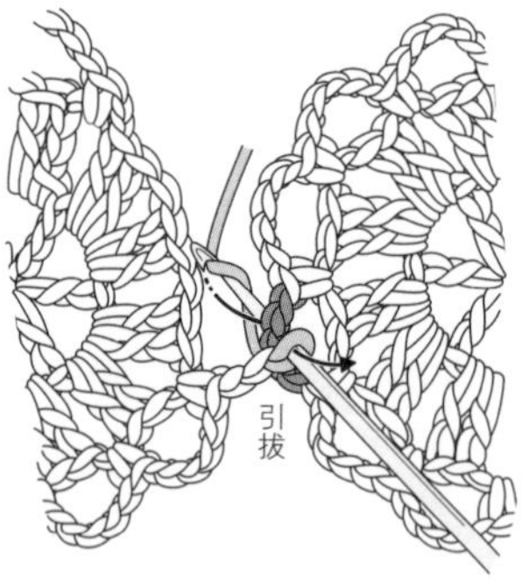

2 钩针上挂线引拔。

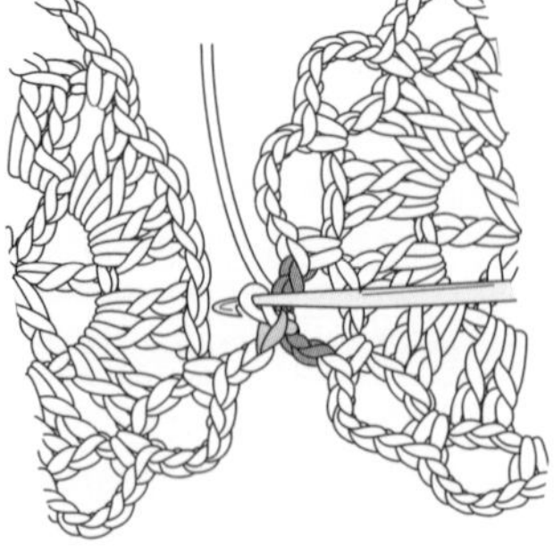

3 钩织完引拔针后的状态。

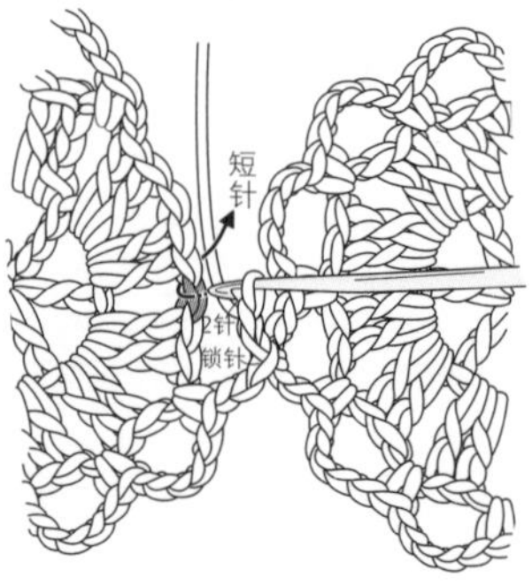

4 钩织2针锁针，在第2块花片里成束挑起钩织短针。

●在长针的顶部连接

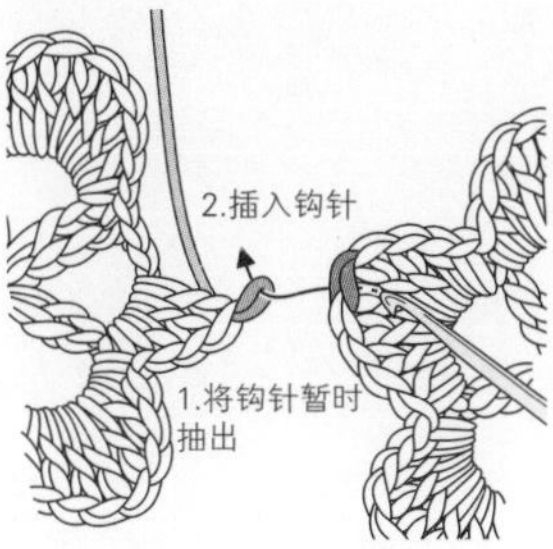

1 暂时将钩针从针目上取下，在另一块花片的上方插入钩针。再将钩针插入第2块花片的针目里。

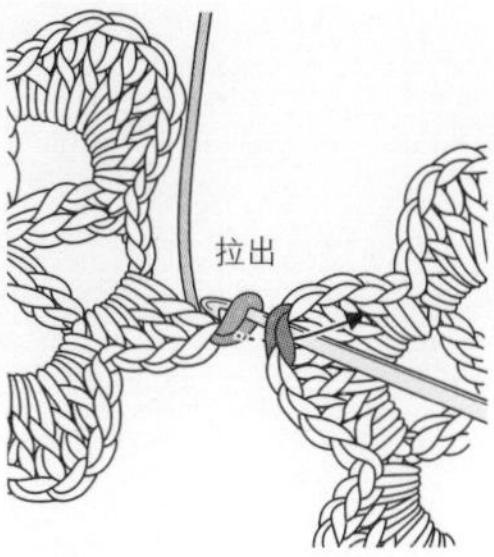

2 将第2块花片的针目拉出穿过另一块花片。

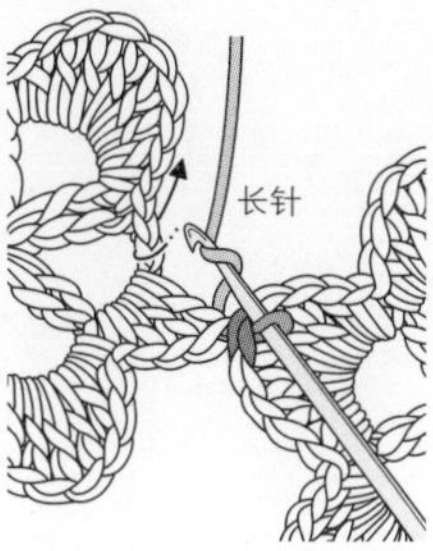

3 钩针上挂线，在锁针的下方空隙里插入钩针成束挑起。

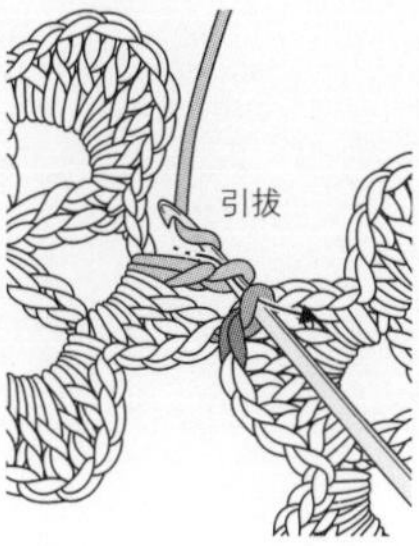

4 钩织下一针长针。

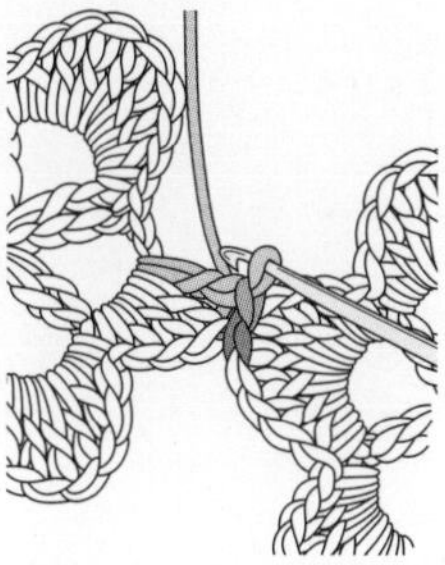

5 完成。短针花片也用相同的要领连接。

针目符号和钩织方法

本书中表示针目状态的针目符号，是根据日本工业标准(Japanese Industrial Standards)制定的，一般缩写为“JIS符号”。使用JIS符号表示时，表示从正面看的图解。

锁针

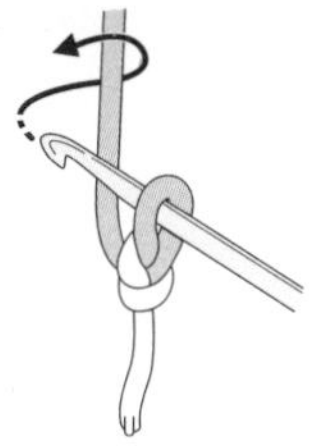

1 如箭头所示转动钩针挂线。

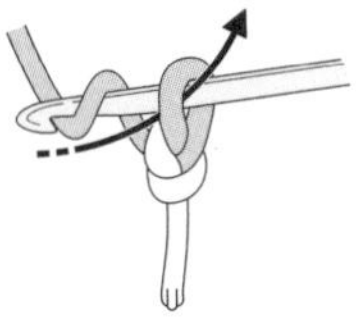

2 从挂在钩针上的针目里将线拉出。

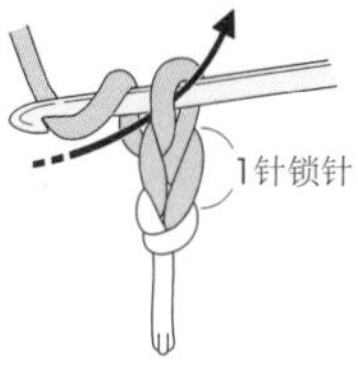

3 再在钩针上挂线，从钩针上的针目里将线拉出。

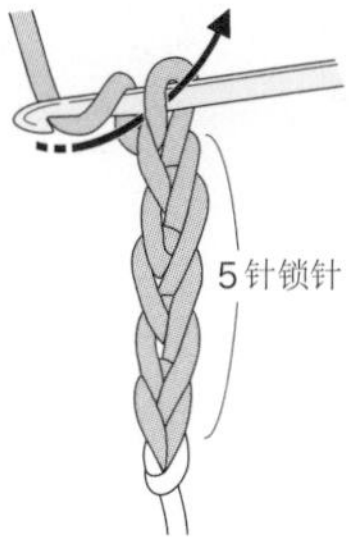

4 重复步骤“在钩针上挂线，将线拉出”。

引拔针

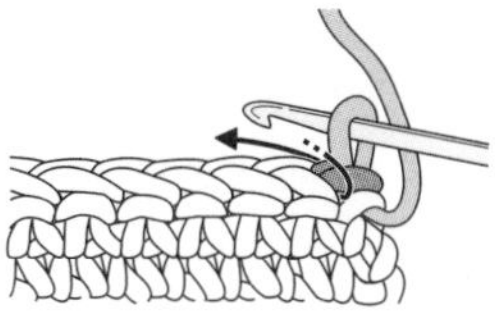

1 如箭头所示，将钩针插入前一行的顶部2根线中。

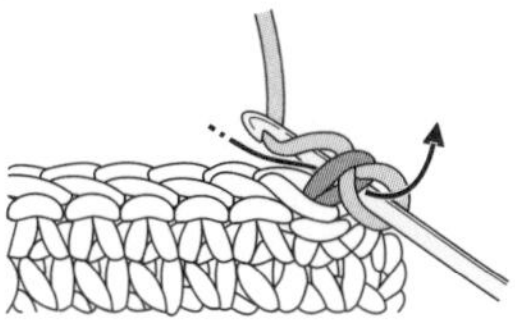

2 钩针上挂线，如箭头所示将线引拔出。

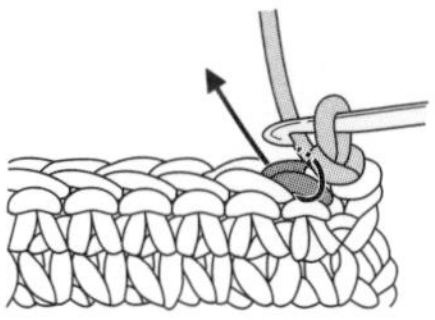

3 第2针也在前一行的顶部2根线里插入钩针，在钩针上挂线引拔。

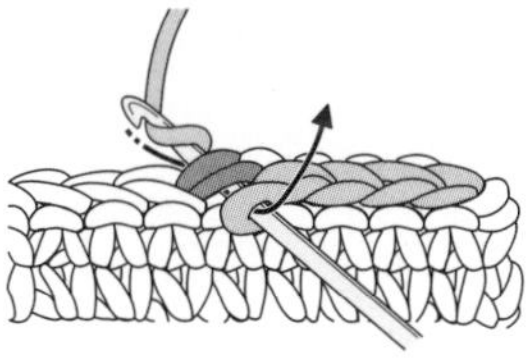

4 后面重复“在前一行的顶部2根线里插入钩针，将线引拔出”。

中长针

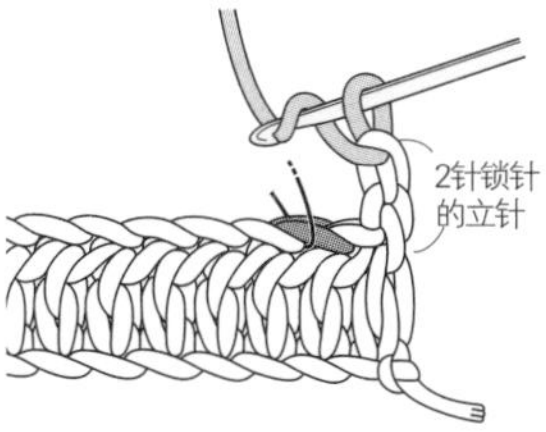

1 钩针上挂线，如箭头所示插入前一行的顶部2根线中。

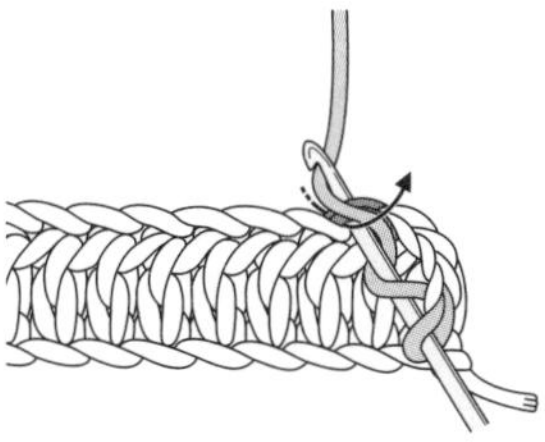

2 钩针上挂线，如箭头所示将线拉出。

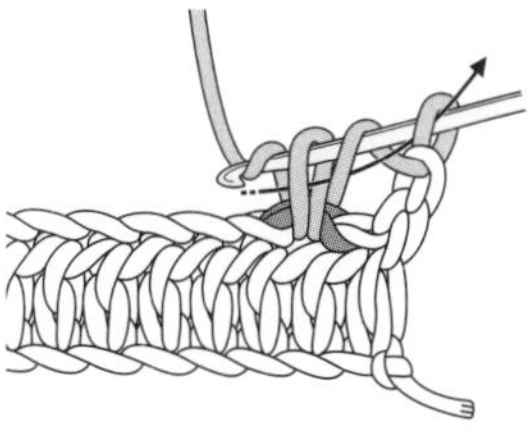

3 钩针上挂线，引拔穿过钩针上的3个线圈。

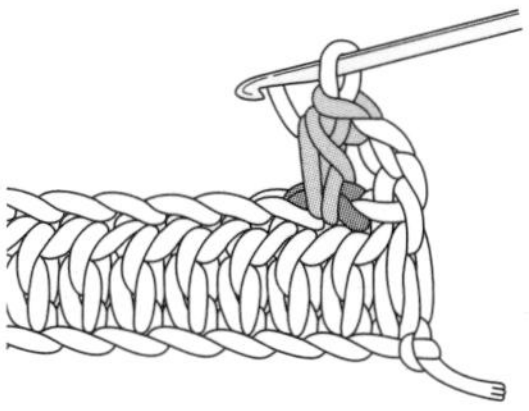

4 中长针钩织完成。重复步骤1 ~ 3继续钩织。

长针1针放2针

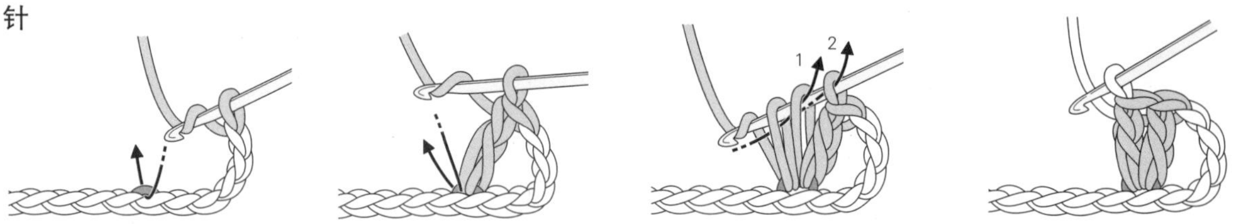

1 钩针上挂线，从锁针的里山入针，钩织长针。

2 钩针上挂线，在同一针目中入针。

3 钩织出2针长针。

4 长针1针放2针钩织完成。

长针1针放3针

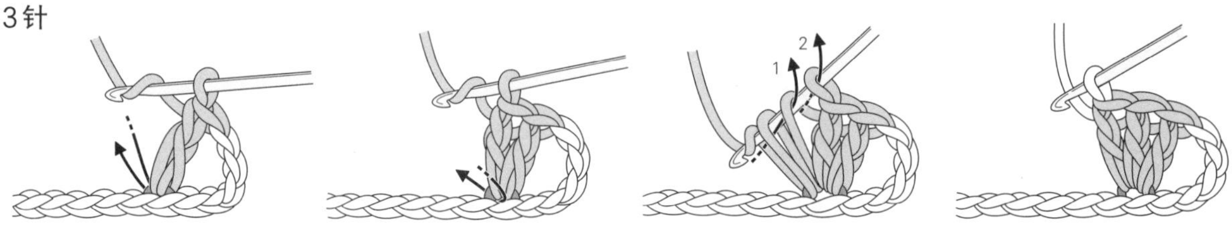

1 将钩针插入锁针的里山，钩织长针。钩针上挂线，在第1针的同一个针目里再钩织长针。

2 钩针上挂线，插入第1针的同一个针目里。

3 钩织第3针长针。

4 长针1针放3针钩织完成。

长针1针放3针（成束挑针）

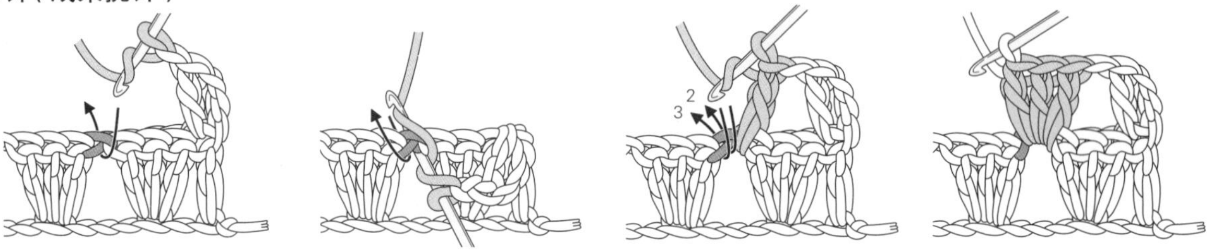

1 钩针上挂线，插入前一行锁针下方的空隙里（成束挑起）。

2 钩针上挂线，将线拉出。

3 钩织长针。在同一个空隙里再钩织2针长针。

4 成束挑起钩织的长针1针放3针完成。

长针1针放5针（成束挑针）=松叶针

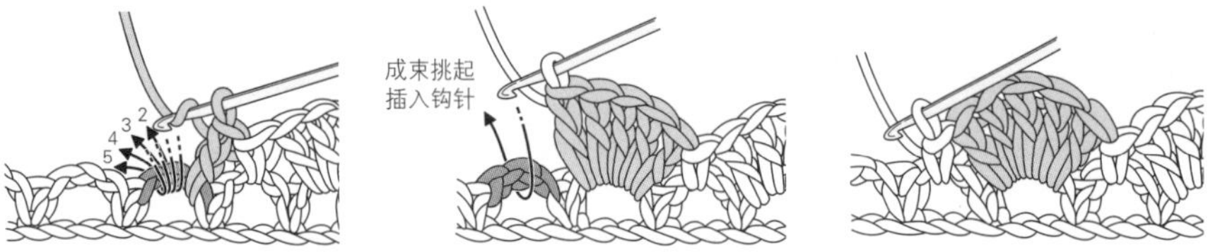

1 钩针上挂线，插入前一行锁针下方的空隙里钩织长针。

2 在同一个空隙里一共钩织5针长针。

3 钩织下一针短针，松叶针即摆正位置。

长针1针放4针（成束挑针，中间钩入1针锁针）=贝壳针

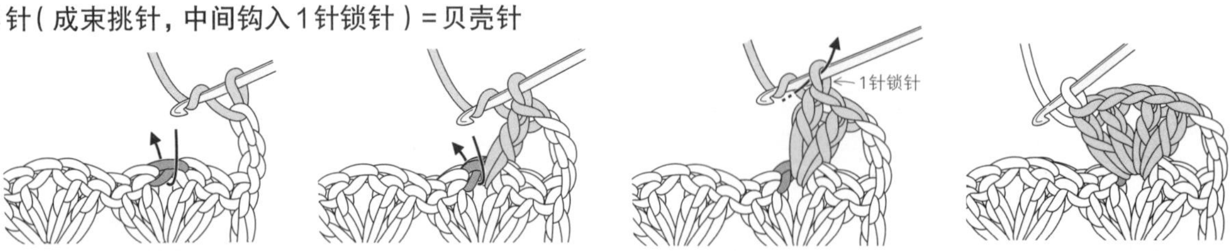

1 钩针上挂线，插入前一行锁针下方的空隙里钩织长针。

2 在同一个空隙里再钩织1针长针。

3 钩织1针锁针。

4 在同一个空隙里再钩织2针长针。成束挑起钩织的长针1针放4针完成。

短针2针并1针

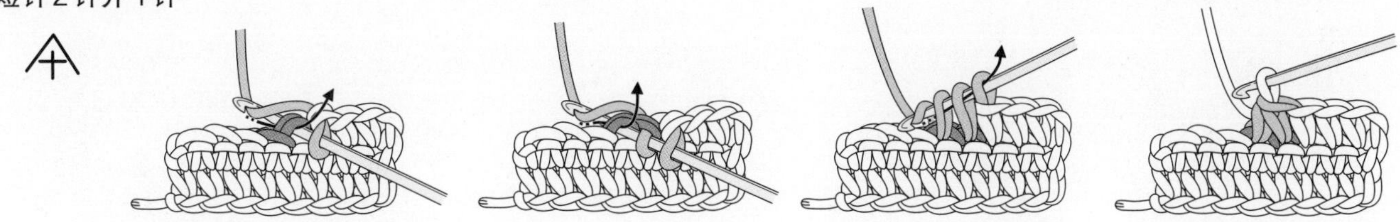

1 将钩针插入前一行的顶部2根线中，钩针上挂线，将线拉出（未完成的短针）。

2 在下一个针目里也钩织未完成的短针。

3 钩针上挂线，一次引拔穿过钩针上的3个线圈。

4 短针2针并1针完成。

短针3针并1针

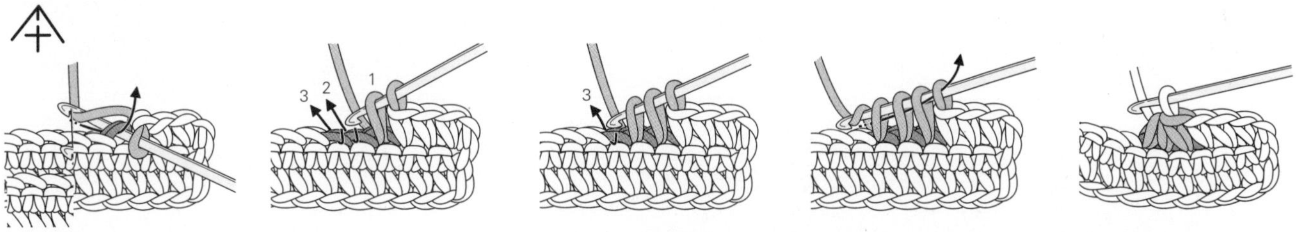

1 将钩针插入前一行的顶部2根线中，钩针上挂线，将线拉出（未完成的短针）。

2 再将钩针插入下一个针目中。

3 将线拉出。在第3个针目里也钩织未完成的短针。

4 钩针上挂线，一次引拔穿过钩针上的4个线圈。

5 短针3针并1针完成。

长针3针并1针

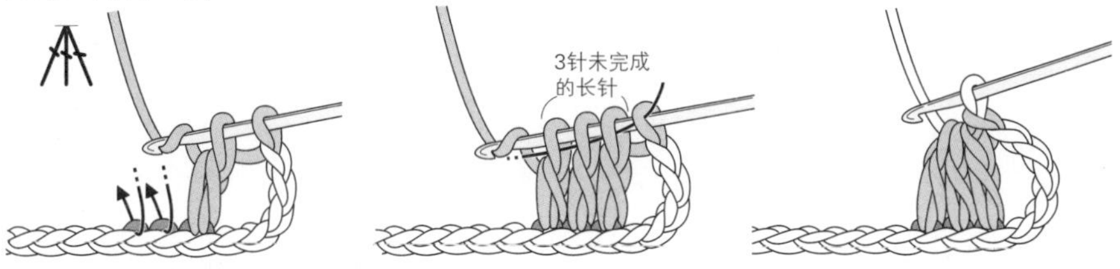

1 一针一针地将钩针插入锁针的里山中，钩织3针未完成的长针。

2 钩针上挂线，一次引拔穿过钩针上的4个线圈。

3 长针3针并1针完成。

●成束挑针的情况

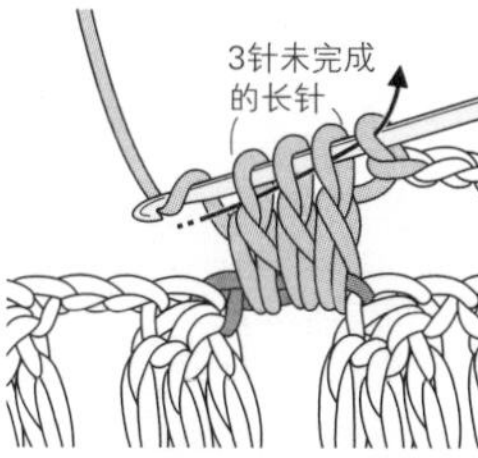

在前一行锁针下方的空隙里插入钩针，钩织3针未完成的长针。钩针上挂线，一次引拔出。

3针长针的枣形针

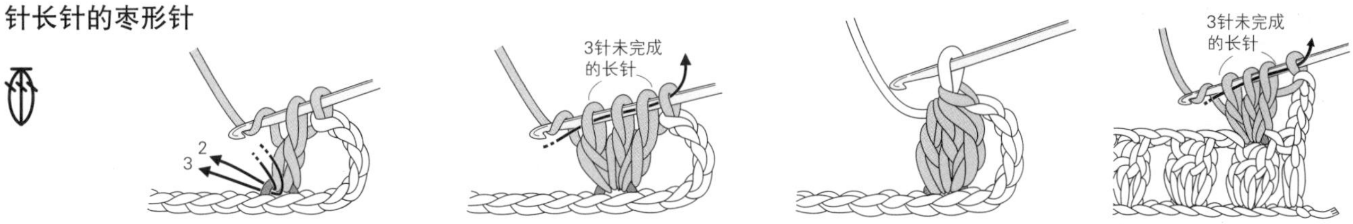

1 在锁针的里山钩织3针未完成的长针。

2 一次引拔穿过针上的4个线圈。

3 3针长针的枣形针完成。

4 下一行挑起前一行的顶部2根线钩织。

3针中长针的枣形针

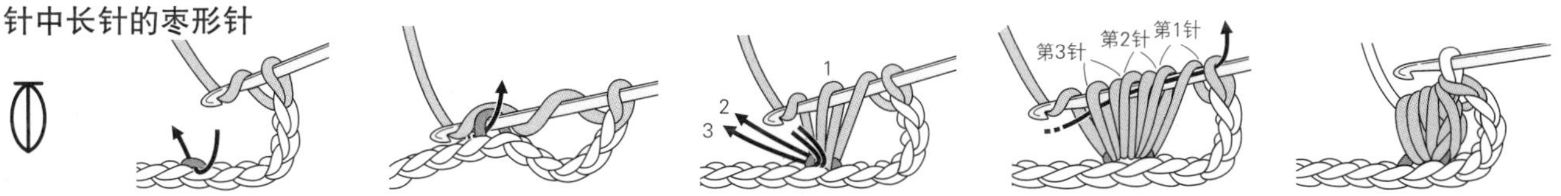

1 钩针上挂线，插入锁针的里山中。

2 钩针上挂线，将线拉出（未完成的中长针）。

3 在同一个针目里再钩织2针未完成的中长针。

4 钩针上挂线，一次引拔穿过钩针上的7个线圈。

5 3针中长针的枣形针完成。

变化的3针中长针的枣形针

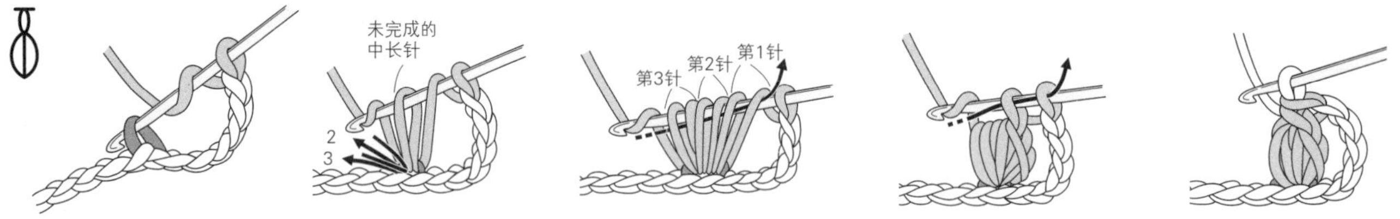

1 钩针上挂线，插入锁针的里山中。

2 钩织3针未完成的中长针。

3 钩针上挂线，一次引拔穿过钩针上的6个线圈。

4 钩针上挂线，一次引拔穿过钩针上的2个线圈。

5 变化的3针中长针的枣形针完成。

七宝针

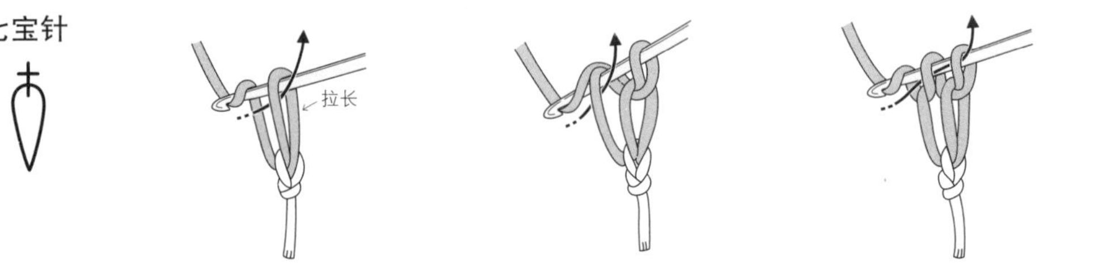

1 将锁针针目拉长，钩针上挂线后将线拉出。

2 将钩针插入拉长了的锁针的里山，挂线后拉出。

3 钩针上挂线，引拔穿过钩针上的2个线圈（短针）。

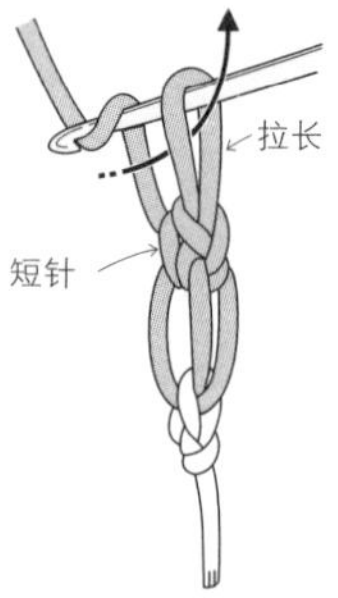

4 拉长针目，重复步骤1～3。

长针的正拉针

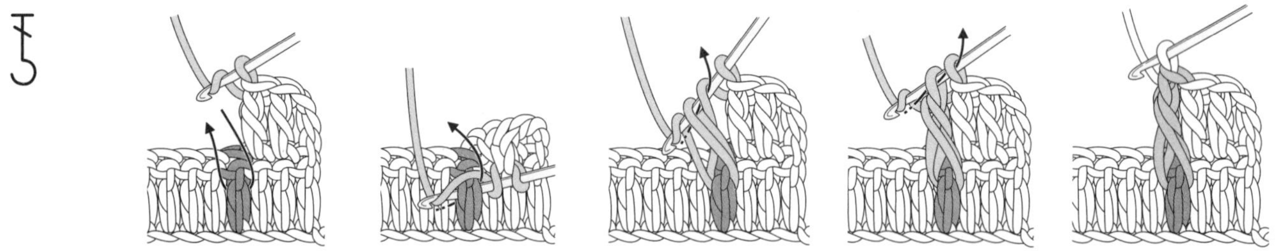

1 钩针上挂线，如箭头所示插入前一行针目中（如图所示）。

2 钩针上挂线拉出，稍稍拉长。

3 钩针上挂线，将线拉出穿过针头上的2个线圈。

4 钩针上再次挂线，引拔穿过钩针上的2个线圈。

5 长针的正拉针完成。

长针1针放3针（松叶针的变形）

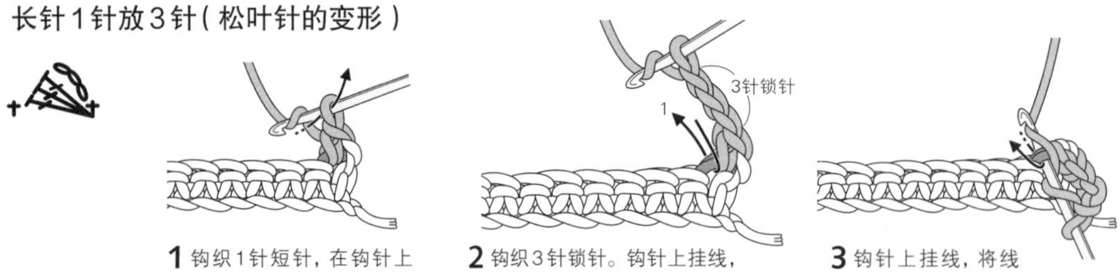

1 钩织1针短针，在钩针上挂线。

2 钩织3针锁针。钩针上挂线，将钩针插入刚才钩织短针的同一个针目里。

3 钩针上挂线，将线拉出。

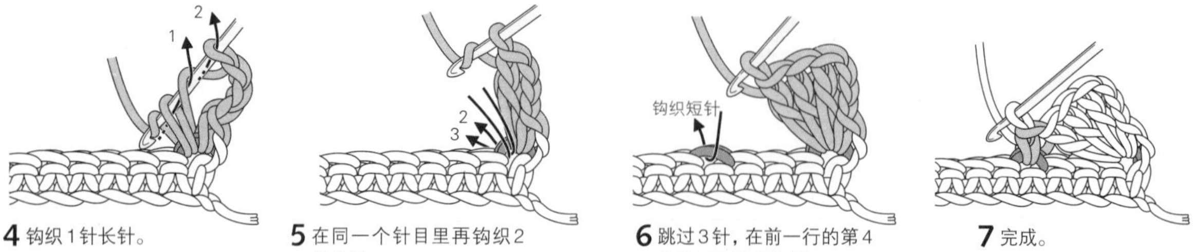

4 钩织1针长针。

5 在同一个针目里再钩织2针长针。

6 跳过3针，在前一行的第4个针目里钩织短针。

7 完成。

作品的编织方法

01

P2

●材料工具

用线　Wister Stella 灰色深、浅段染（115）

M号…315g/8团　L号…380g/10团

纽扣　直径2.8cm…1颗

钩针　10mm

●成品尺寸　M号…胸围93cm，衣长57.5cm，连肩袖长23cm　L号…胸围103cm，衣长62.5cm，连肩袖长25.5cm

●密度　10cm×10cm面积内：编织花样8针，4行

●编织要点

后身片　在下摆位置钩织锁针起针，从锁针的里山挑针开始钩织。按编织花样钩织，在下摆开衩处和袖子开口止位做好对齐标记。斜肩参照图1钩织。

前身片　与后身片钩织要领相同，以前身片中心为界左右对称钩织。前门襟参照图2钩织。

组合　将后身片和前身片的肩部正面相对，用引拔针和锁针接合，参照领子的挑针图示挑针并钩织领子。胁部用引拔针和锁针接合。在左前身片缝上纽扣。利用针目与针目之间的空隙充当扣眼。

※编织花样和L号的编织图参见P42

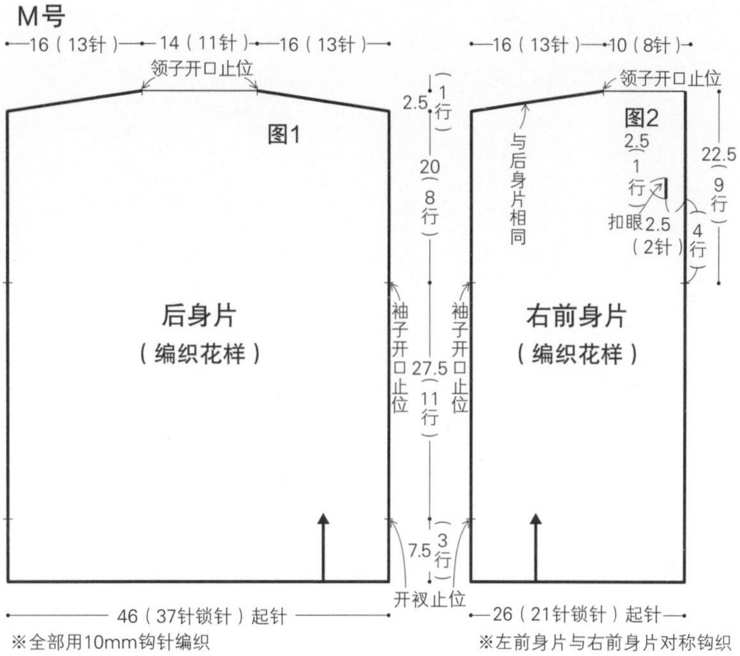

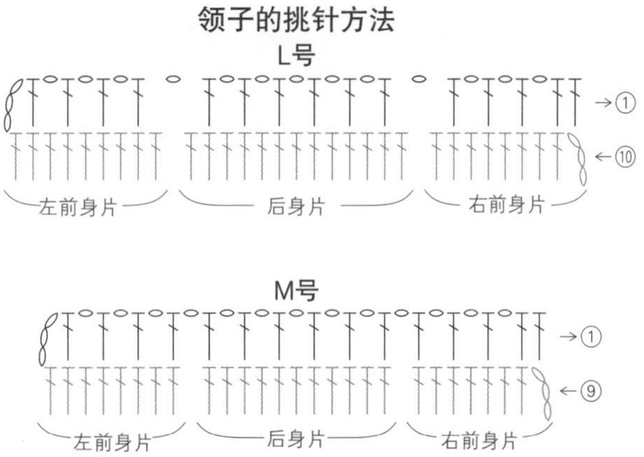

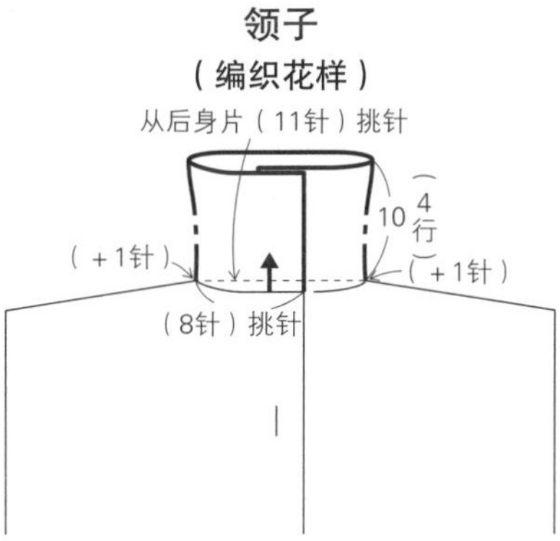

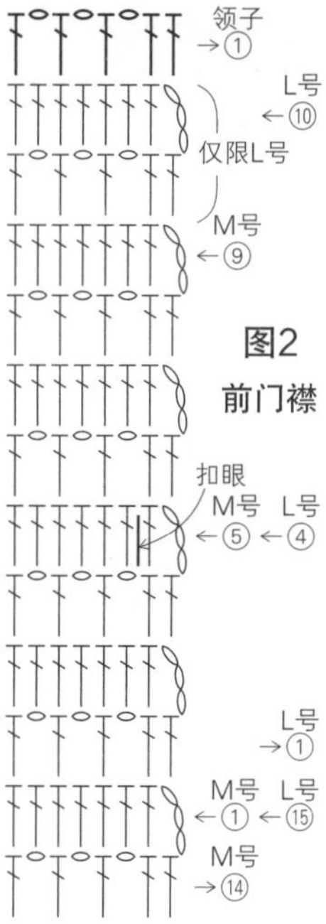

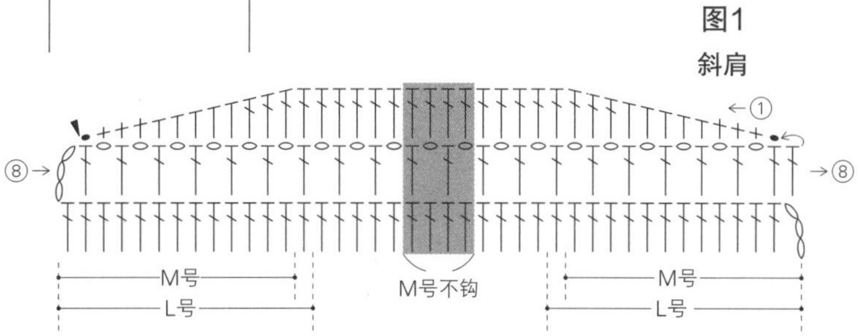

02

P3

●材料工具

用线　Wister Rigato　原白色底彩色段染（91）440g/11团

纽扣　直径2.8cm…3颗

钩针　8mm

●成品尺寸　胸围105cm，衣长57cm，连肩袖长29.5cm

●密度　10cm×10cm面积内：编织花样10.5针，5行

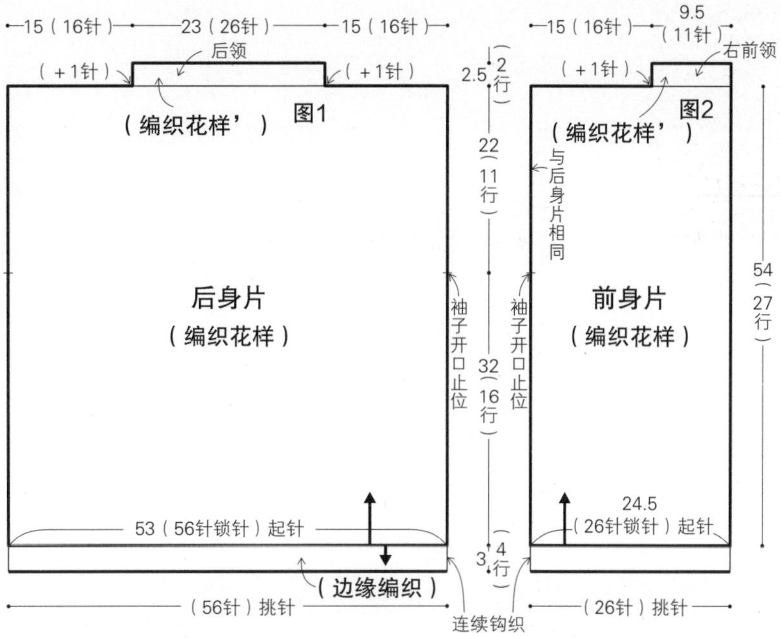

※全部用8mm钩针编织

※左前身片与右前身片对称钩织

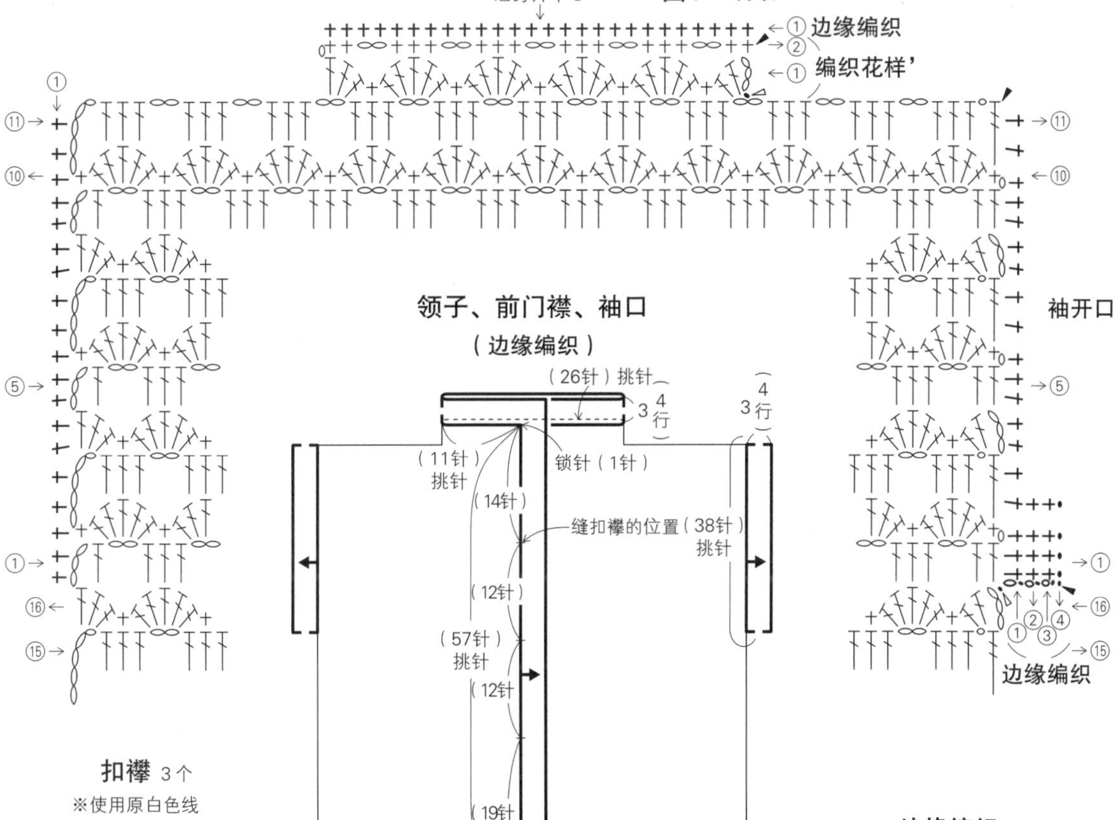

扣襻 3个

※使用原白色线

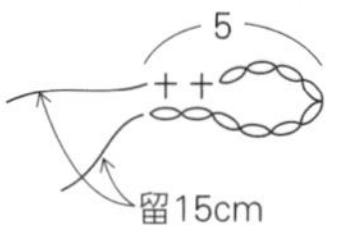

边缘编织

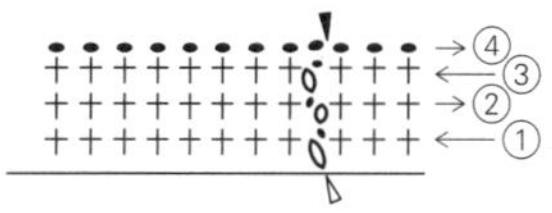

03

P4

●**材料工具**

用线 Wister Aria 米色、灰色系段染(101) 290g/8团

纽扣 直径4.3cm…2颗

钩针 7mm

●**成品尺寸** 胸围102.5cm，肩宽35cm，衣长60cm

●**密度** 10cm×10cm面积内：短针8针，8.5行；长针8针，4行

●**编织要点**

右身片 在袖窿位置钩织锁针起针，从锁针的里山挑针开始钩织。参照图1钩织短针和长针。钩织至第9行时，加钩7针锁针作为后领。在后领缝合止位做好对齐标记。从领子的前端继续钩织短针作为前门襟，同时留出扣眼。

左身片 与右身片钩织要领相同，参照图2对称钩织。后领另起的锁针在连接位置钩织引拔针后断线。

组合 将后身片与前身片的肩部、后领口与前领的行(对齐标记)分别对齐挑针接合。将左、右后身片中心做卷针缝缝合，后领中心挑针接合。在左前身片缝上纽扣。

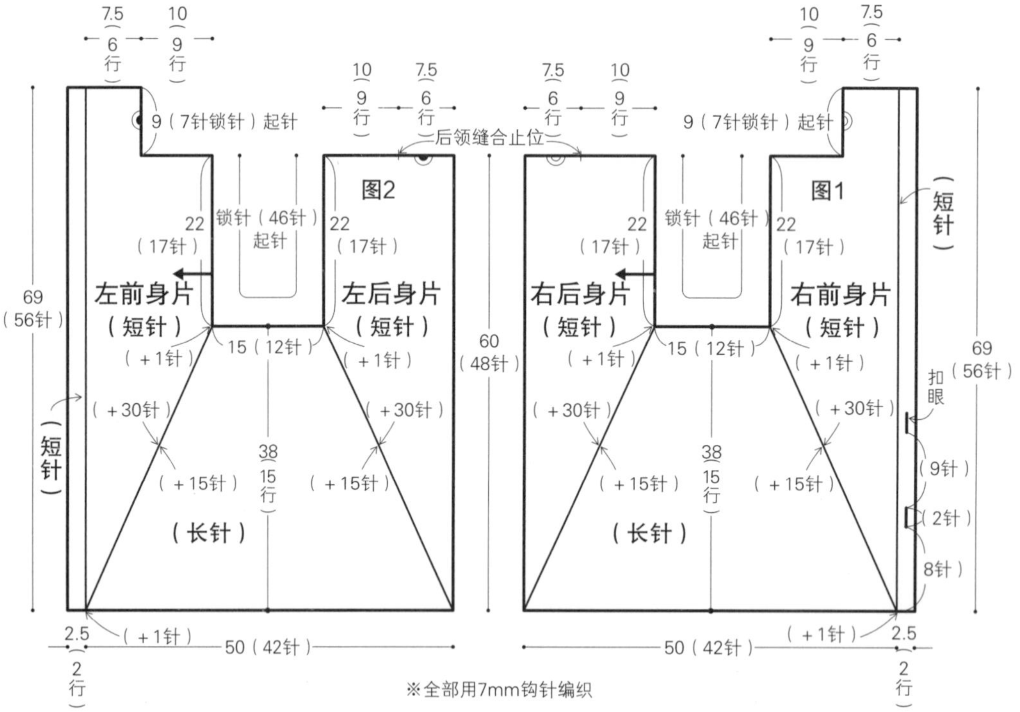

长针

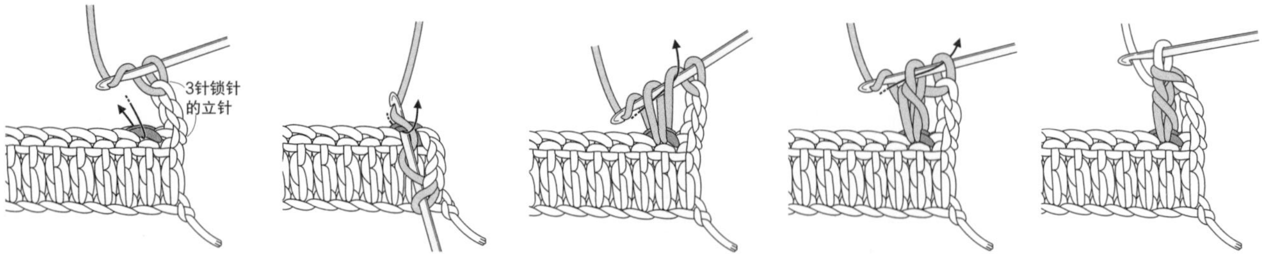

1 钩针上挂线，如箭头所示插入前一行针目顶部的2根线中。

2 钩针上挂线，如箭头所示将线拉出。

3 钩针上挂线，从针头上的2个线圈中将线拉出。

4 再次在钩针上挂线，一次引拔穿过剩下的2个线圈。

5 长针钩织完成。重复步骤1~4继续钩织。

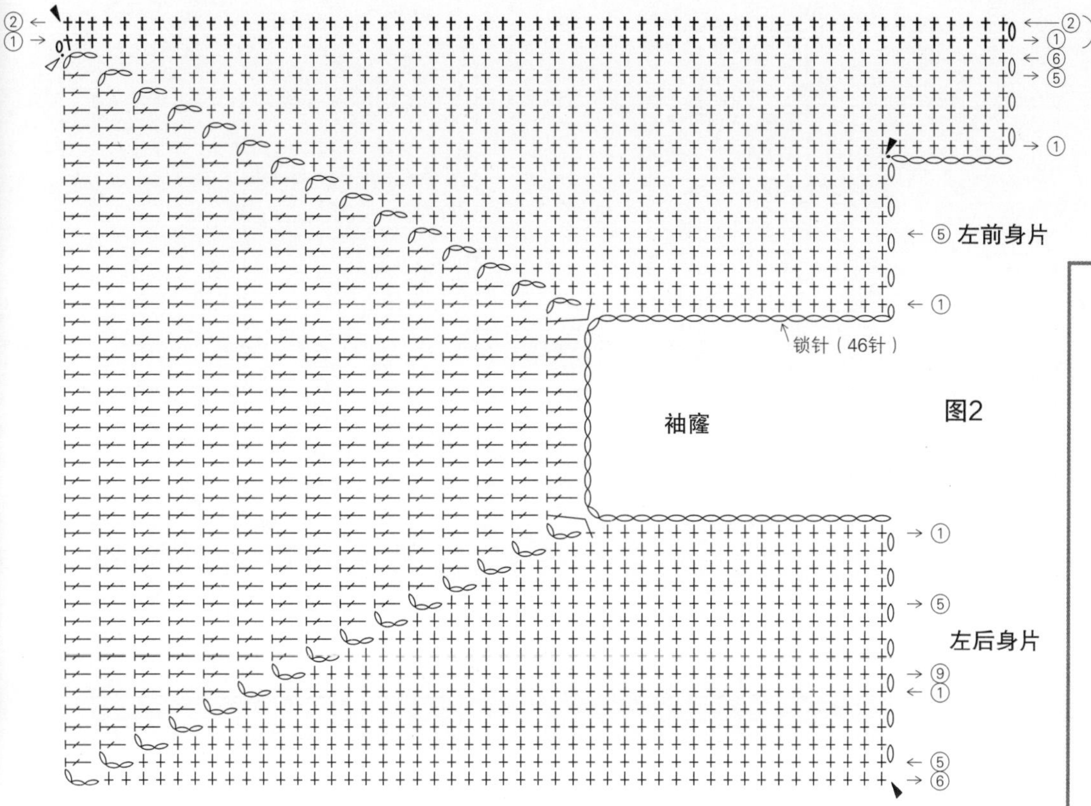

► =断线　　▷ =接线

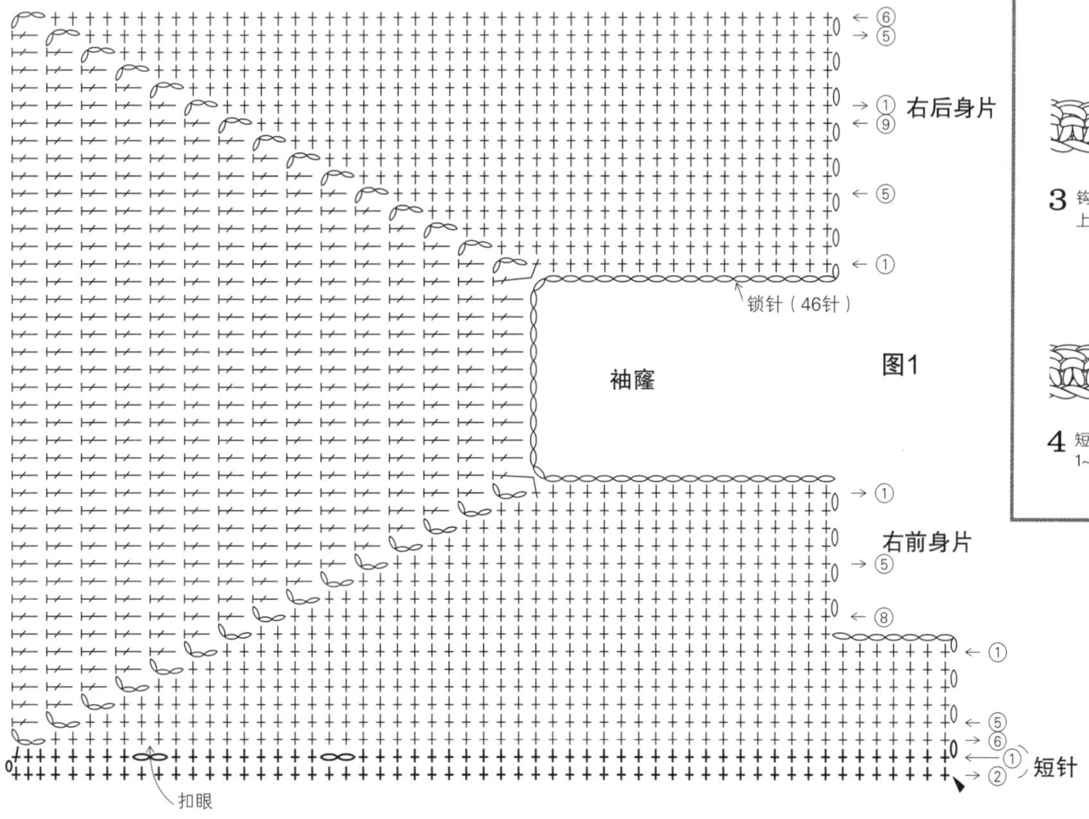

短针

本书使用符号　　JIS符号

十　（×）

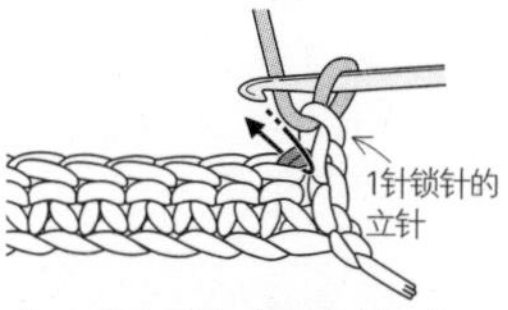

1 如箭头所示，将钩针插入前一行右端短针的顶部 2 根线中。

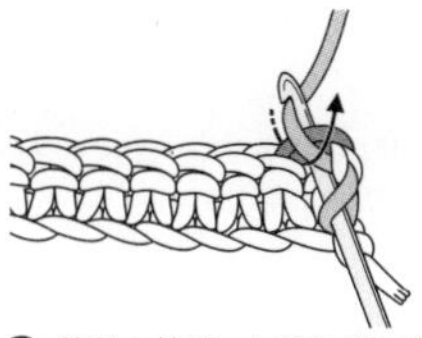

2 钩针上挂线，如箭头所示将线拉出。

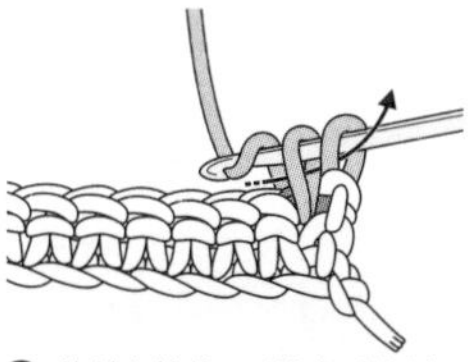

3 钩针上挂线，引拔穿过钩针上的 2 个线圈。

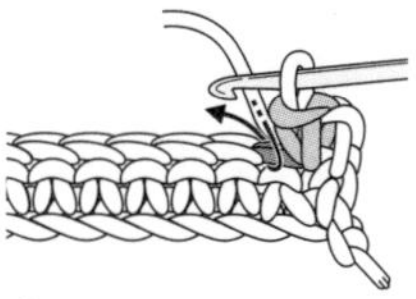

4 短针钩织完成。重复步骤 1~3 继续钩织。

04

P6

●材料工具

用线 Wister Aria 青绿色系段染(104) M号…270g/7团 L号…320g/8团

钩针 10/0号

●成品尺寸

M号…胸围100cm，衣长51cm，连肩袖长26cm L号…胸围110cm，衣长56cm，连肩袖长28.5cm

●密度

10cm×10cm面积内：编织花样13.5针，4行

●编织要点

前身片 在下摆位置钩织锁针起针，从锁针的半针和里山挑针开始。按编织花样钩织。领子开口止位的重叠部分参照图1（L号参照图4）钩织，先从前一行短针顶部的后面半针挑针钩织左前身片（下），在开衩和袖子开口止位、后身片连接止位做好对齐标记。然后从短针的前面半针挑针钩织右前身片（上），在最后一行与左前身片的编织终点（★）一边连接一边钩织。连接的方法：从针目上暂时取下钩针，将钩针插入左前身片短针顶部的后面半针里，将之前的针目拉出后钩织短针。

后身片 参照图2（L号参照图5）从右前身片、左前身片的连接位置（对齐标记）挑针开始直编。开衩止位往下多钩织1行，相当于前身片的起针行。

组合 胁部用引拔针和锁针接合，下摆、开衩、领子开口、袖口按指定针法调整。

M号

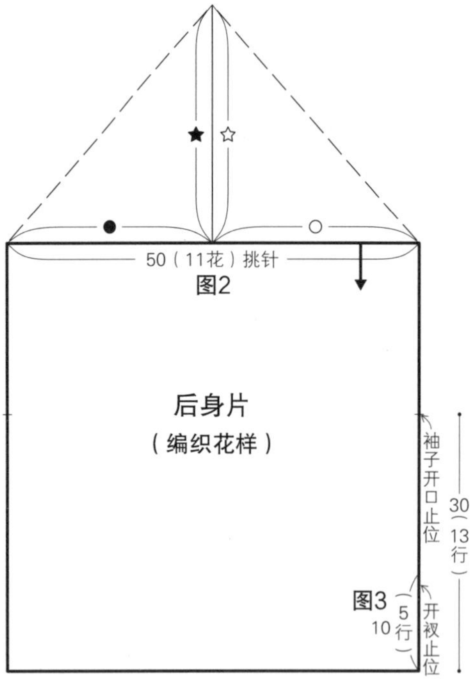

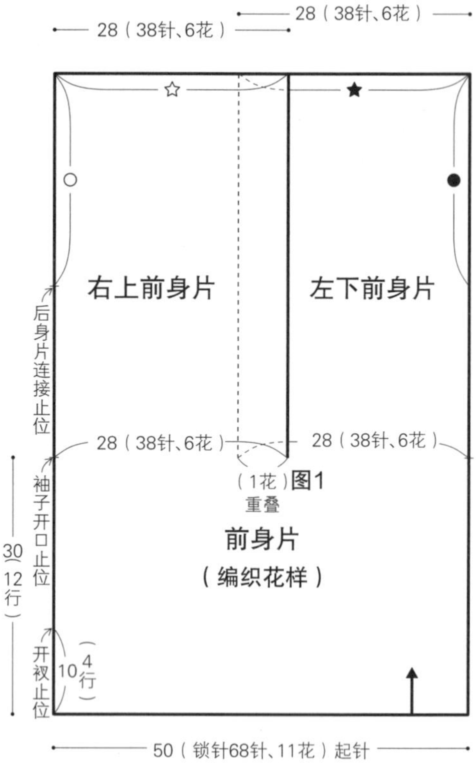

※全部用10/0号钩针编织　　※花＝个花样

编织花样

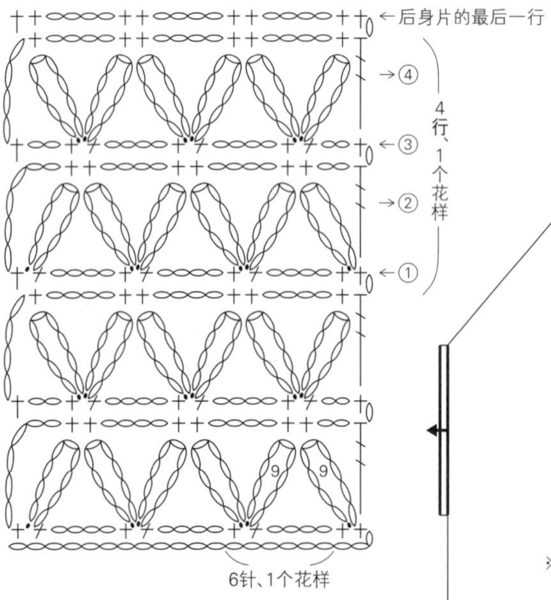

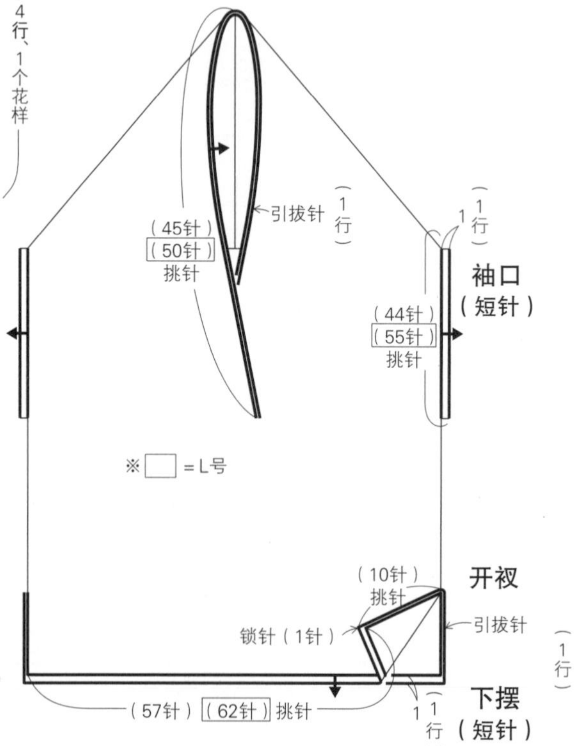

图2 后身片的挑针方法

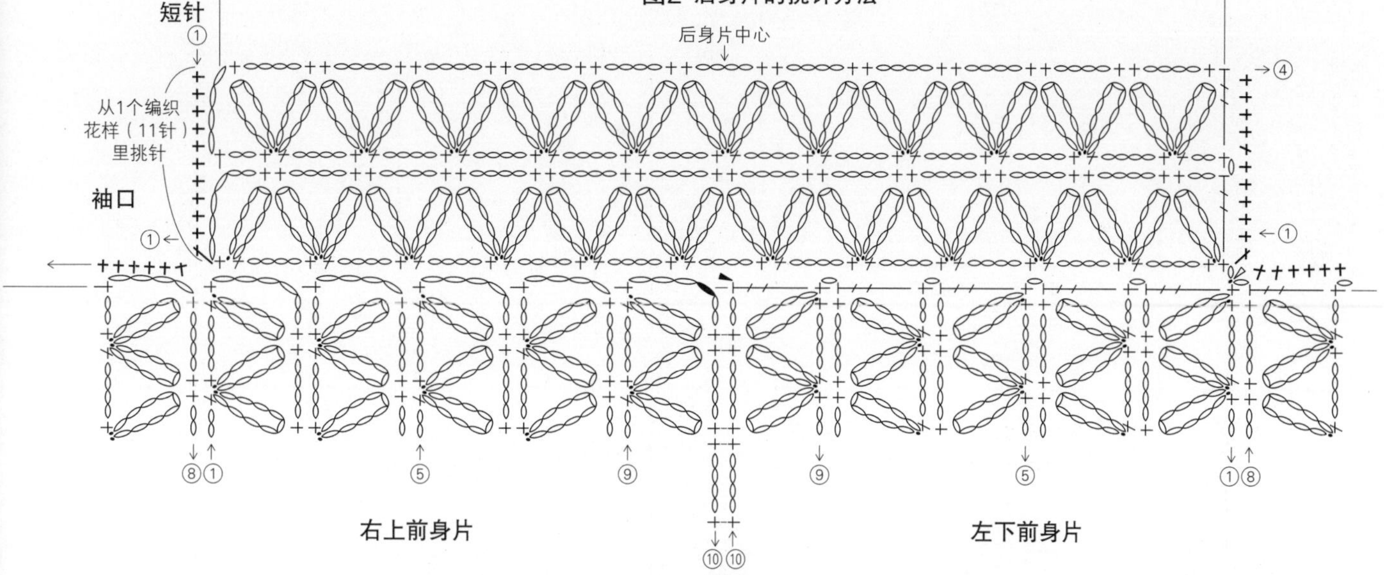

图1

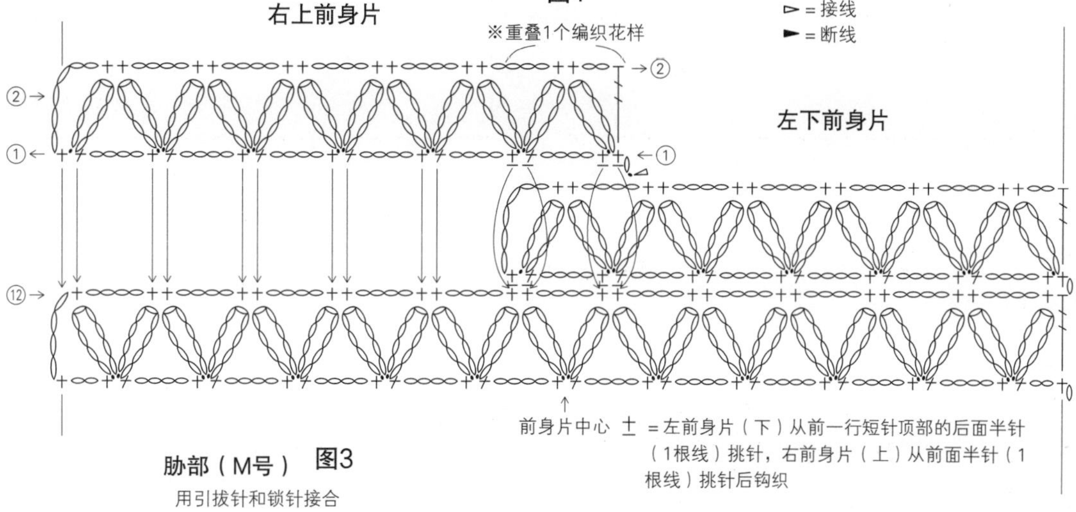

肋部（M号） 图3

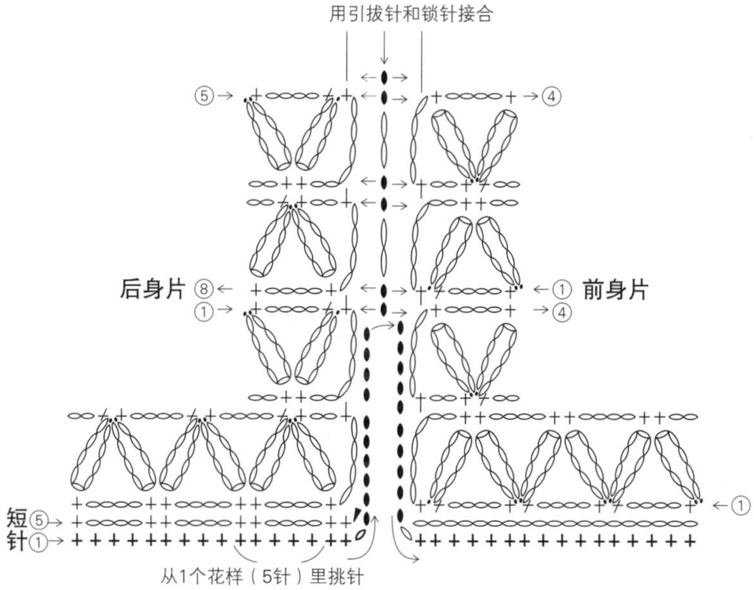

※L号的后身片编织花样相差2行，按相同要领钩织

± 短针的棱针

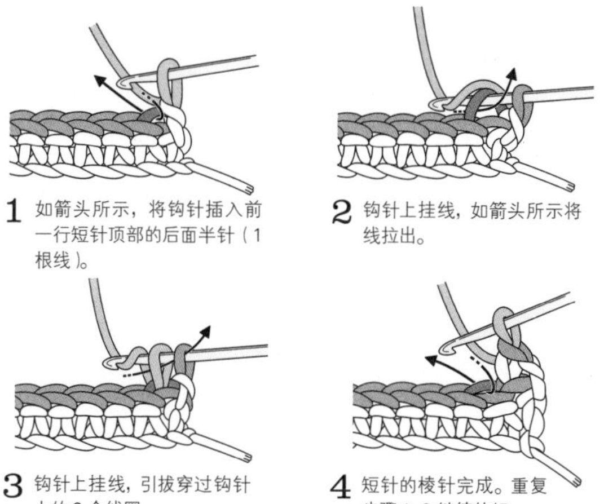

1 如箭头所示，将钩针插入前一行短针顶部的后面半针（1根线）。

2 钩针上挂线，如箭头所示将线拉出。

3 钩针上挂线，引拔穿过钩针上的 2 个线圈。

4 短针的棱针完成。重复步骤 1~3 继续钩织。

L号

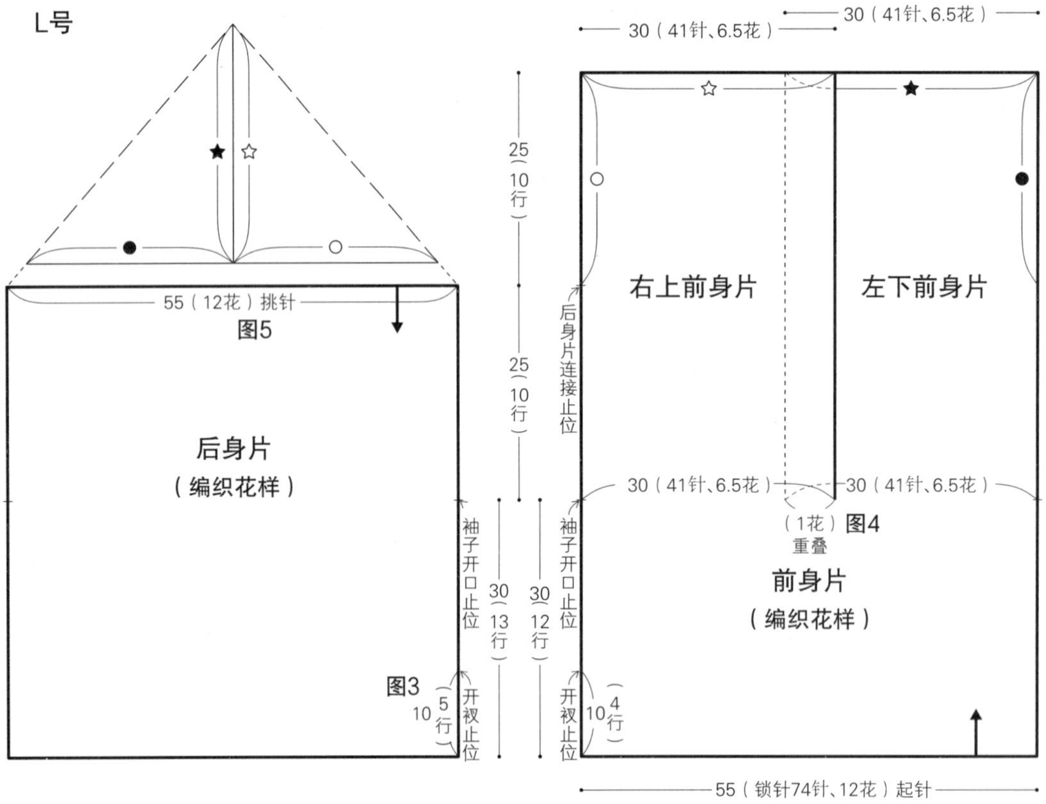

※全部用10/0号钩针编织　※花＝个花样

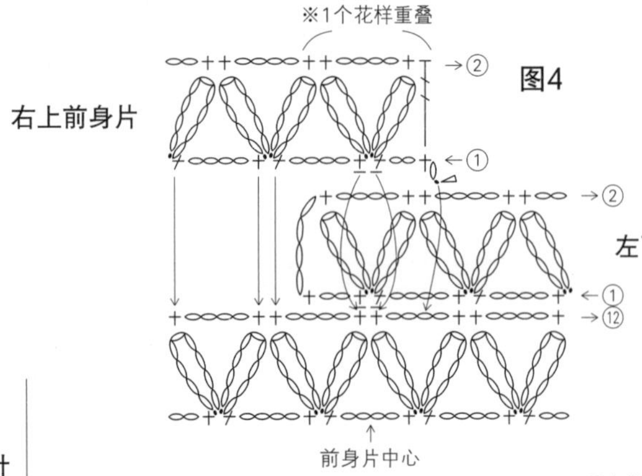

± ＝前身片下方从前一行短针头部的后面半针（1根线）挑针，
前身片上方从前面半针（1根线）挑针后钩织。

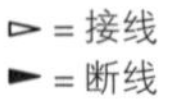

图5　后身片的挑针方法

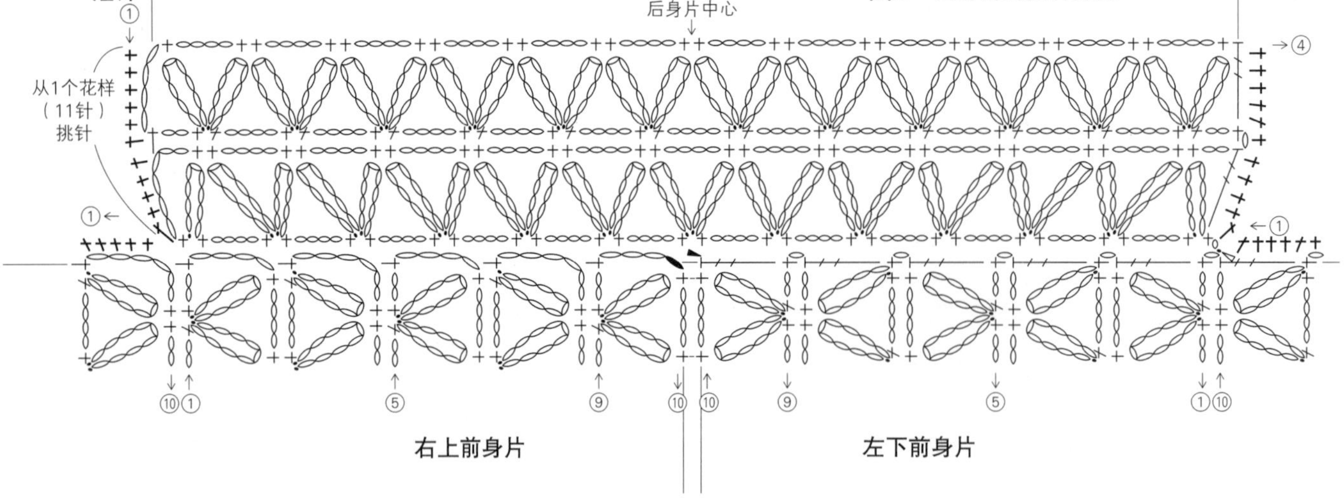

05

P7

● **材料工具**

用线 Wister Supra 深绿色系段染（82）190g/8团

钩针 7mm、8mm

● **成品尺寸** 长156 cm，宽70 cm

● **密度** 编织花样10cm内9.5针，17cm内8行

● **编织要点**

在下摆位置钩织锁针起针，从锁针的里山挑针开始钩织。钩织编织花样中的短针时，将钩针插入前两行的3卷长针2针并1针的顶部，同时将前一行的锁针成束挑起钩织短针。在左右两端各钩织4针长针，按编织花样钩织完12行后，后身片和右前身片暂停，先钩织左前身片。袖子开口另线锁针起针，接在指定位置后钩织3针长针与主体连起来。钩织完12行后留线备用。后身片和右前身片也一样在袖窿处钩织长针。用左前身片留下的线将左前身片、后身片、右前身片连起来钩织。编织结束时钩织1行边缘编织，注意前一行是锁针时成束挑起钩织。在下摆接线钩织边缘编织，编要领与主体编织结束时的边缘编织相同。将袖子开口的长针针目卷针缝合。

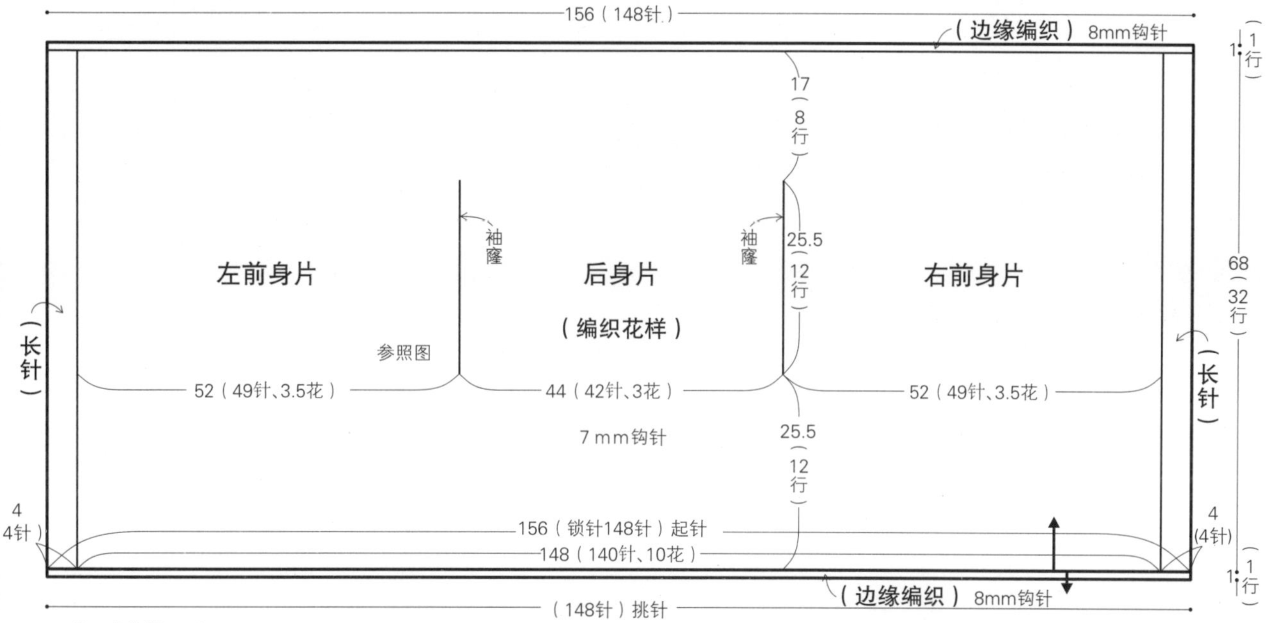

※花＝个花样

袖子开口的编织方法

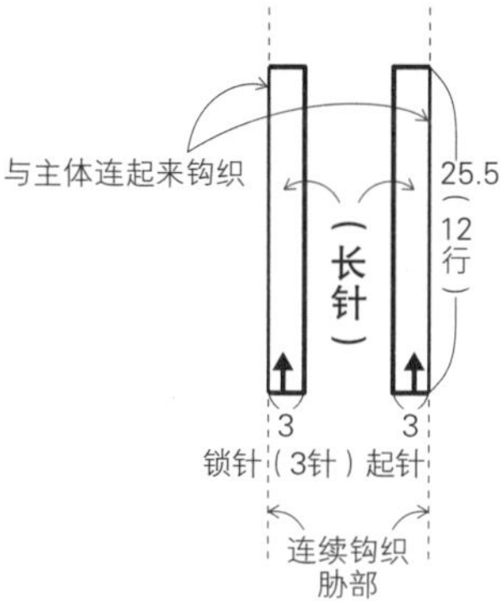

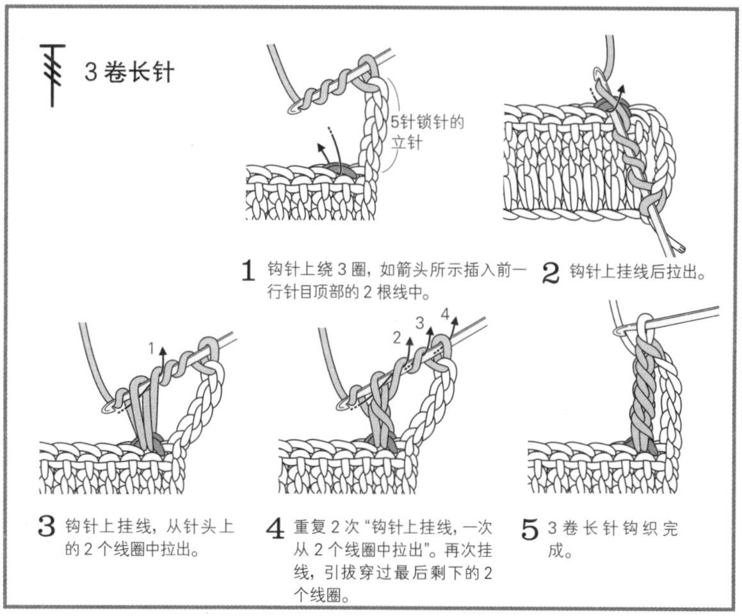

4卷长针

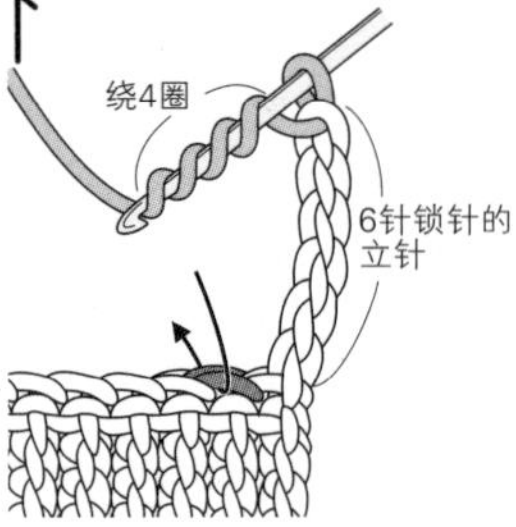

1 钩针上绕 4 圈，如箭头所示插入前一行针目顶部的 2 根线中。

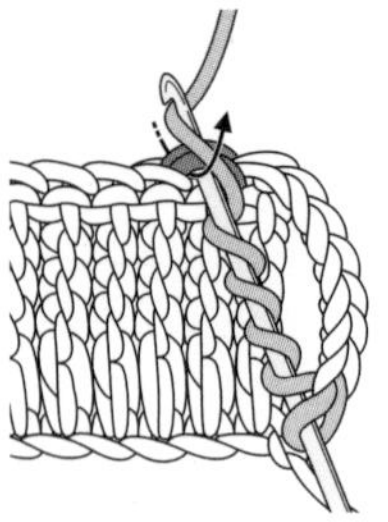

2 钩针上挂线，将线拉出。

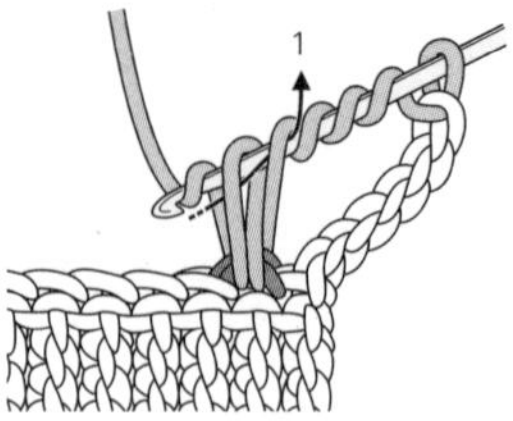

3 钩针上挂线，从针头上的 2 个线圈中拉出。

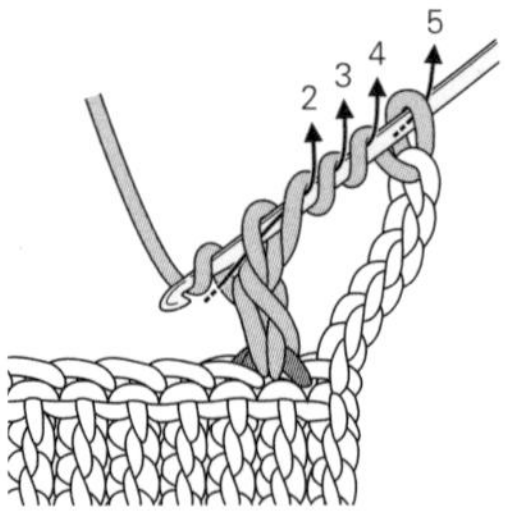

4 重复 3 次“挂线，一次从 1 个线圈中拉出”。再次挂线，引拔穿过最后剩下的 1 个线圈。

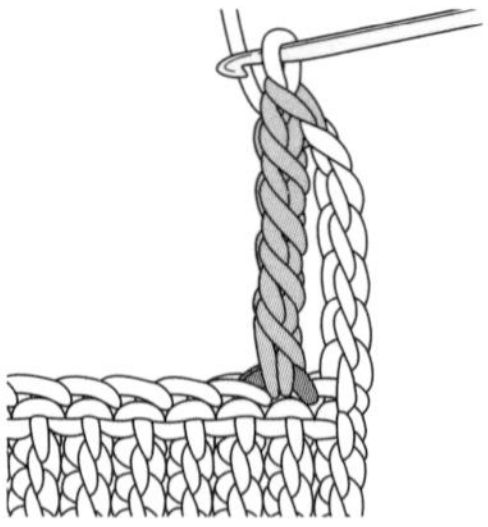

5 4 卷长针钩织完成。

长针 1 针放 2 针（中间钩入 1 针锁针）

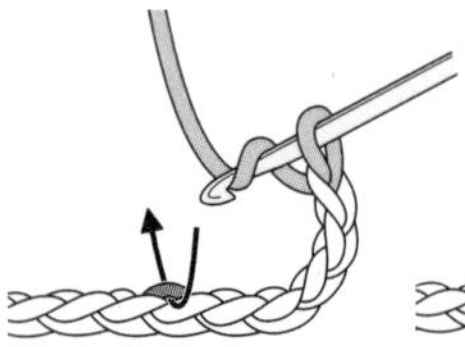

1 钩针上挂线，插入锁针的里山，钩织 1 针长针。

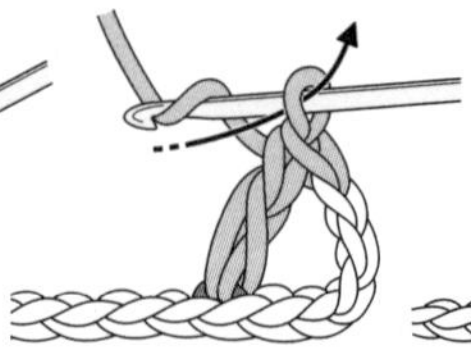

2 钩织 1 针锁针。

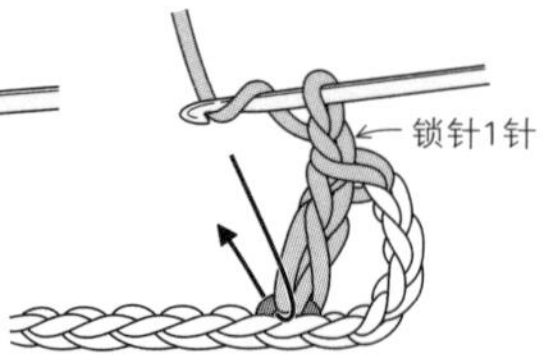

3 钩针上挂线，插入钩织第 1 针长针时同一锁针的里山中，钩织长针。

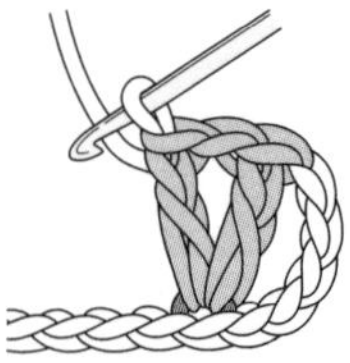

4 长针 1 针放 2 针（中间钩入 1 针锁针）钩织完成。

长针 2 针并 1 针

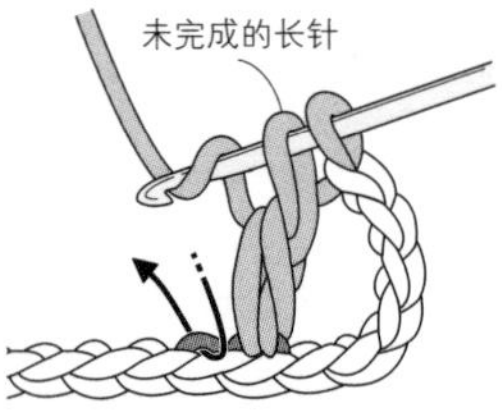

1 将钩针插入第 1 针锁针的里山，钩织未完成的长针，钩针上挂线。

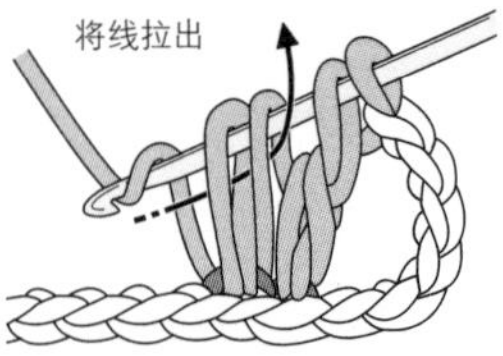

2 在第 2 针里也钩织未完成的长针。

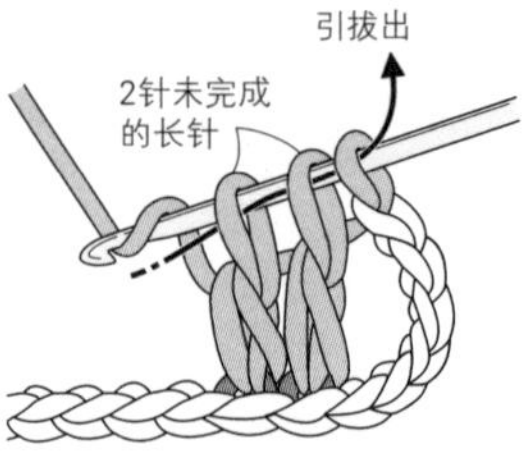

3 钩针上挂线，一次引拔穿过钩针上的 3 个线圈。

4 长针 2 针并 1 针钩织完成。

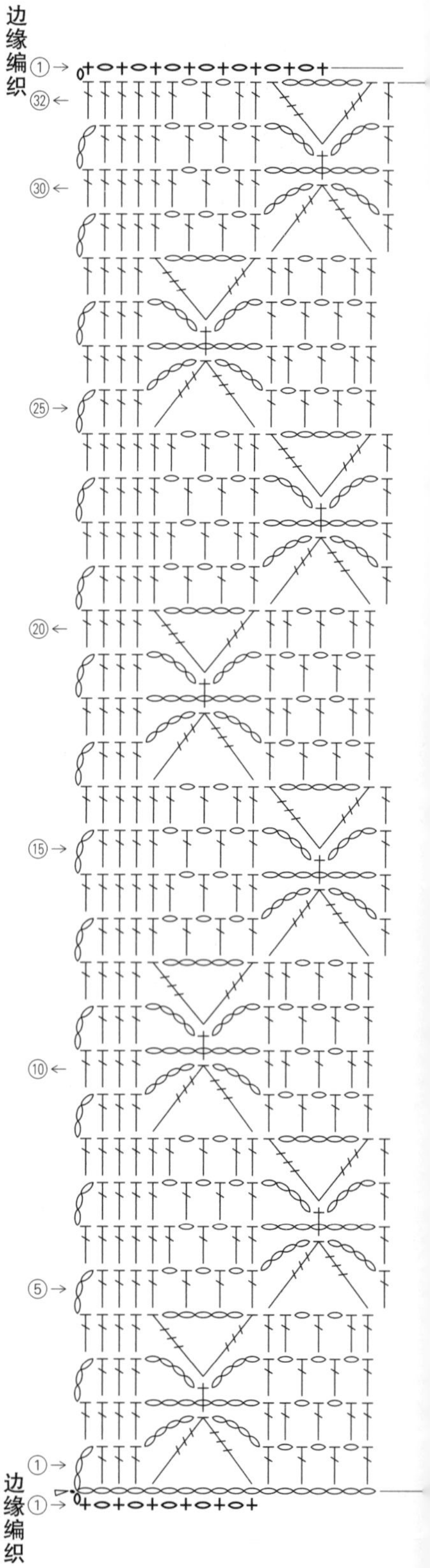

袖子开口

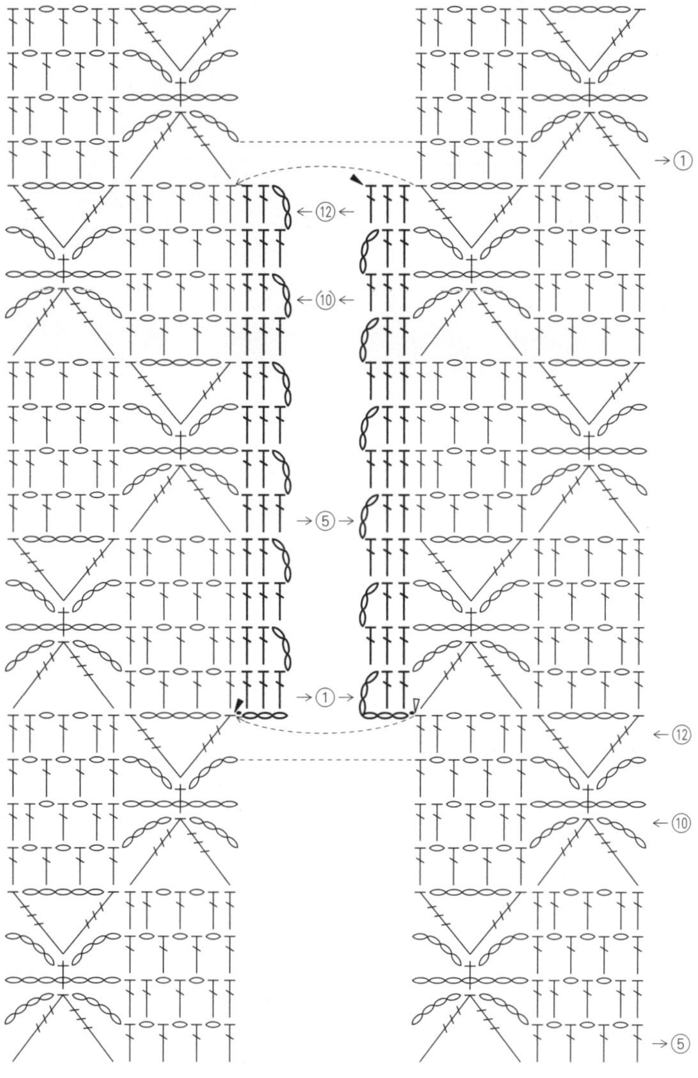

▷ = 接线
► = 断线

编织花样

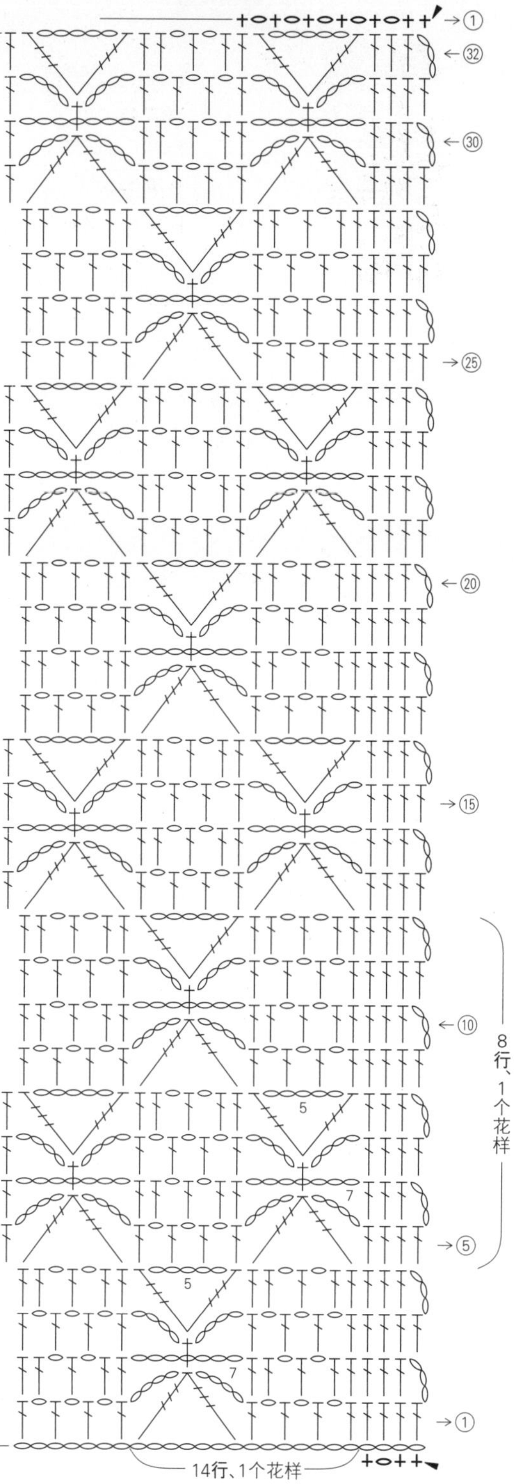

06

●材料工具

用线 Wister纯毛中细毛线 M号…芥末黄色（54）280 g /10团 L号…蓝绿色（61）310 g /11团

钩针 3/0号

●成品尺寸 M号…胸围88cm，衣长61cm，连肩袖长47cm L号…胸围98cm，衣长63cm，连肩袖长49.5cm

●密度 10cm×10cm面积内：编织花样4.3个花样，9.5行

●编织要点

后身片、前身片 在下摆位置钩织锁针起针，从锁针的半针挑针开始钩织编织花样，参照图1，在第1行编织结束时引拔成环。钩织引拔针直至第2行的立针位置。改变钩织方向钩织第2行。编织花样从前一行的锁针成束挑起钩织。钩织到袖子开口止位后，袖子开口处做往返编织。从后身片开始钩织，左侧的端针参照图2钩织立针。前领窝参照图2（L号参照图2'）钩织。肩部挑取锁针的半针卷针缝合。

袖子 编织花样'与编织花样上下对称钩织。从袖子开口处挑针，参照图3（L号参照图3'）往返编织至减针部分，然后做环形编织。

组合 领子环形钩织短针。袖下挑取锁针的半针做卷针缝合。

P8、9

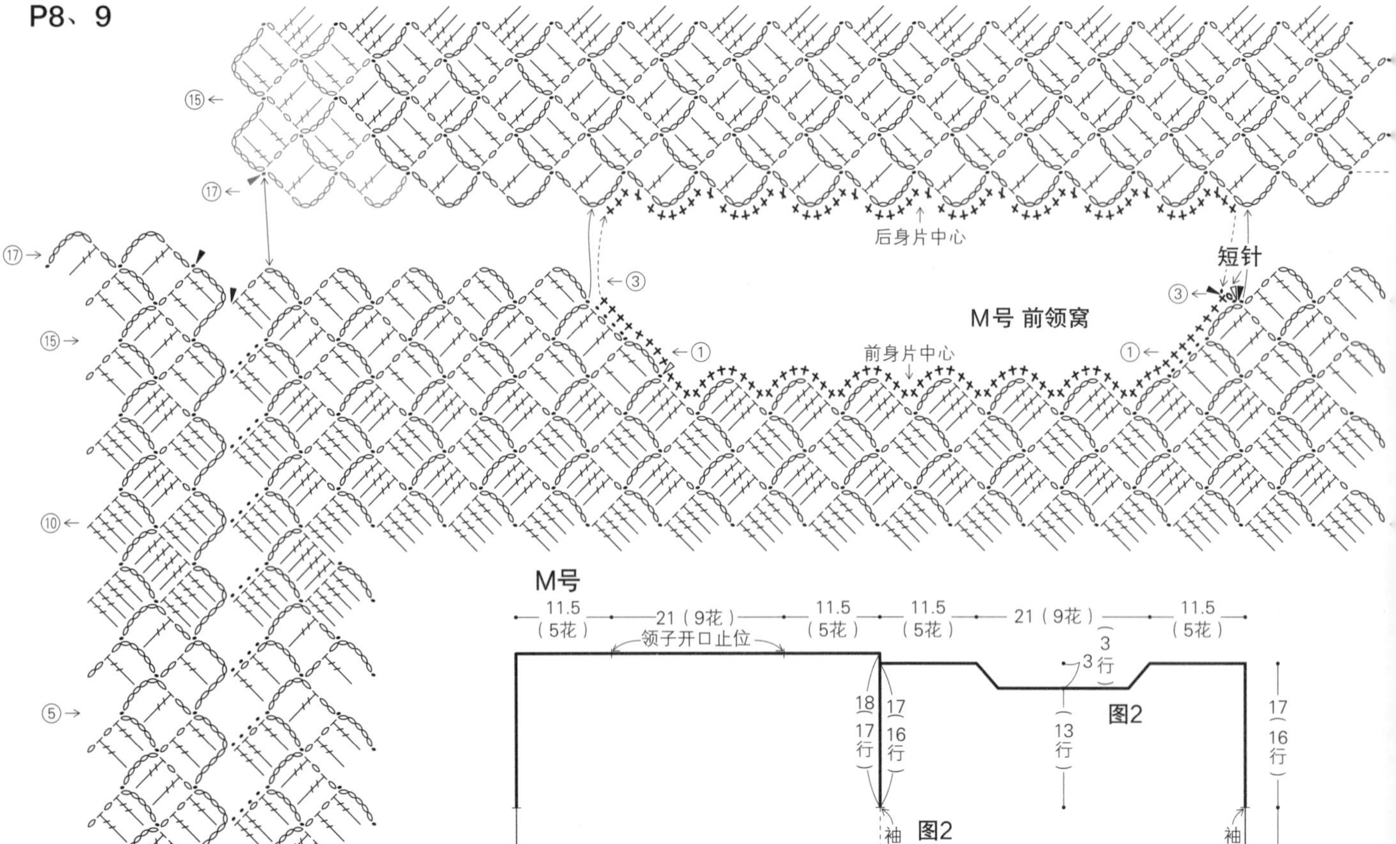

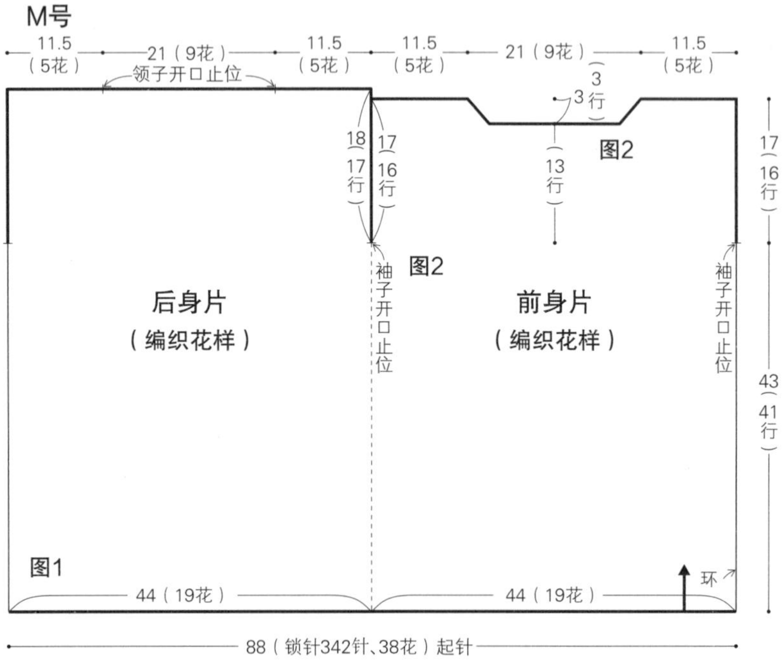

※全部用3/0号钩针编织　　※花＝个花样

图1 连成环的方法

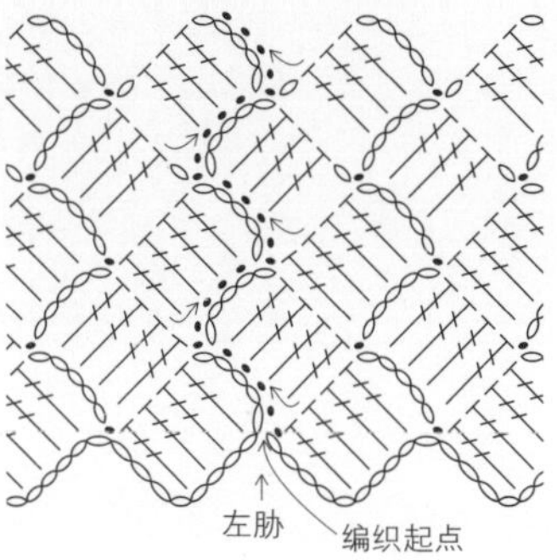

编织花样

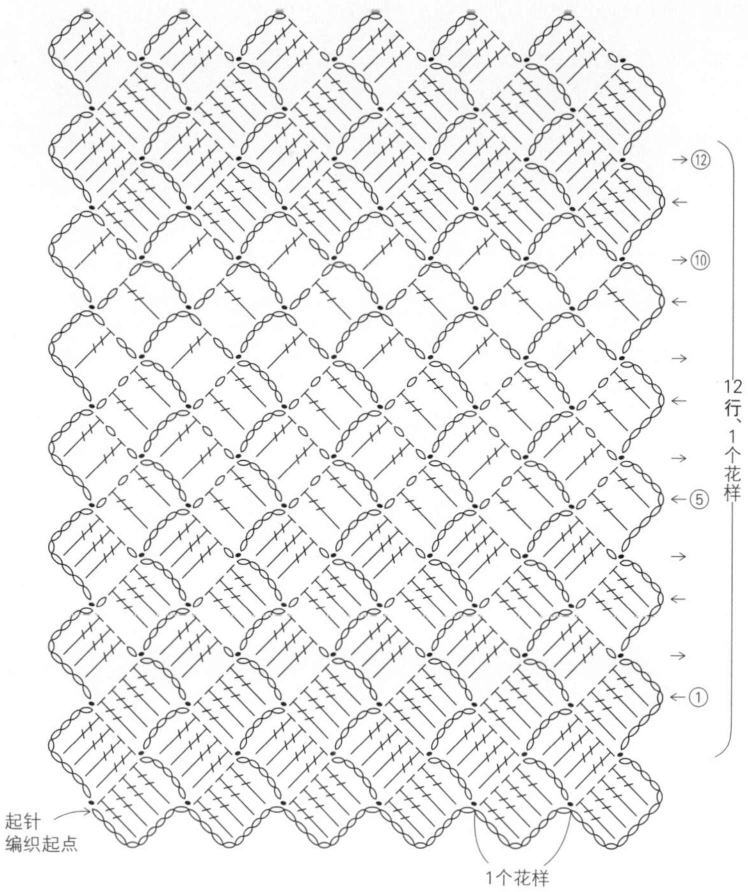

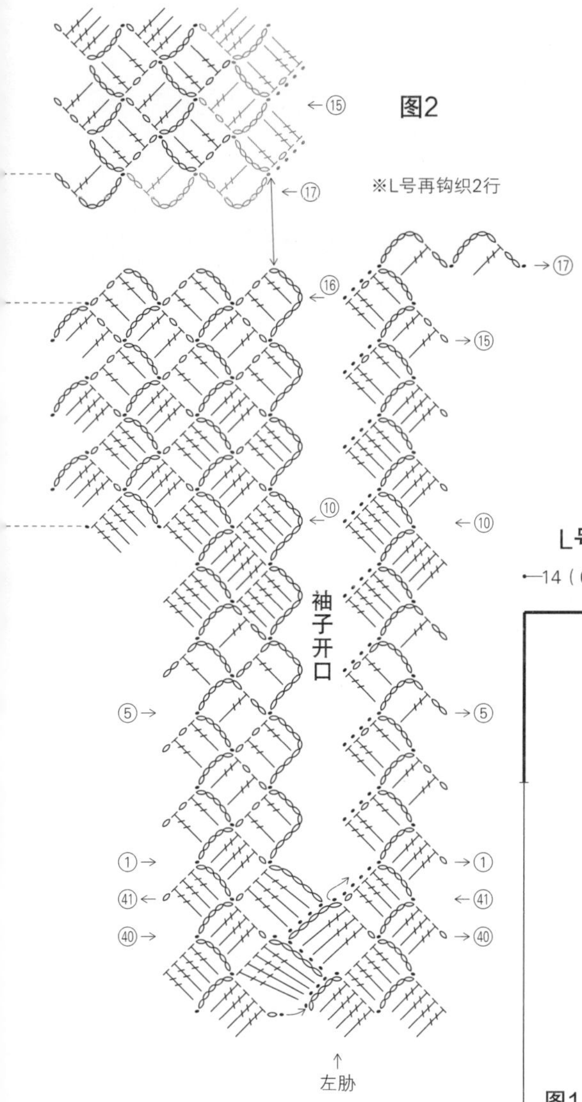

▻ = 接线
► = 断线

L号

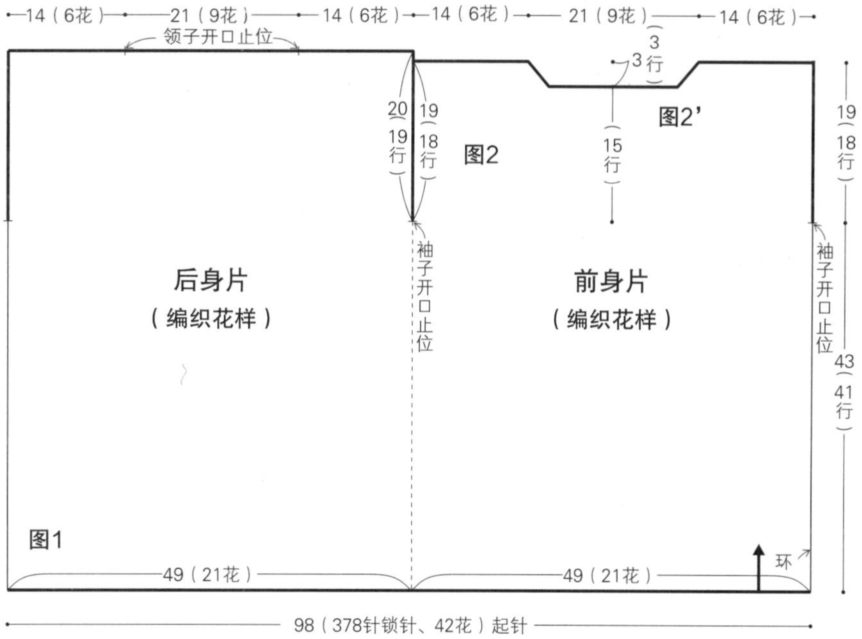

※全部用3/0号钩针编织　　※花＝个花样

图2' L号 前领窝

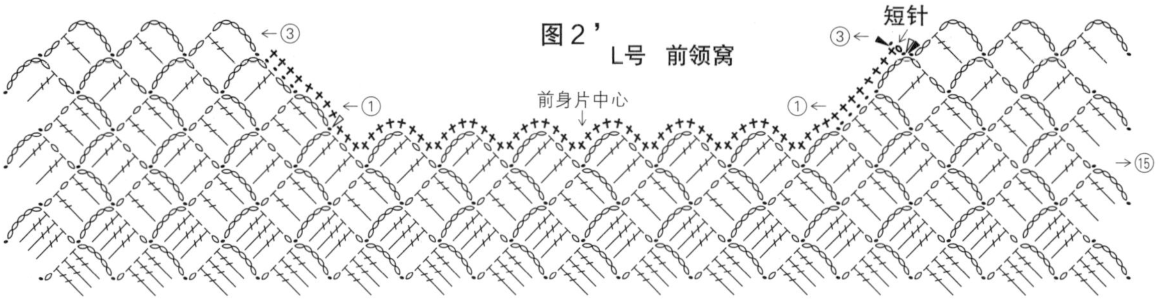

▷ = 接线　　▶ = 断线

领子（短针）

※M、L号相同

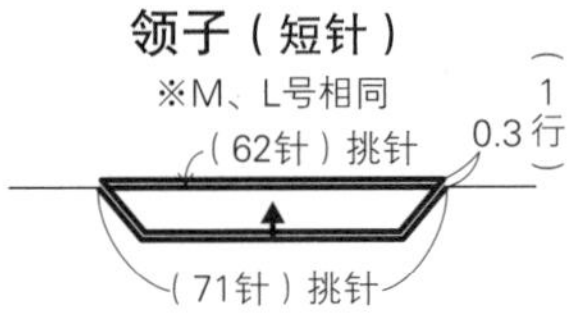

M号

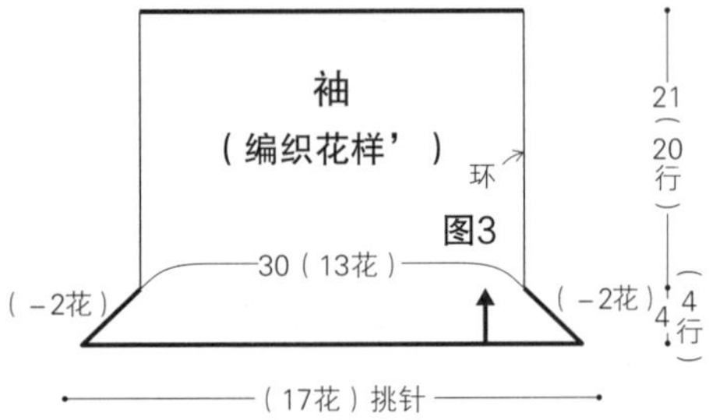

L号

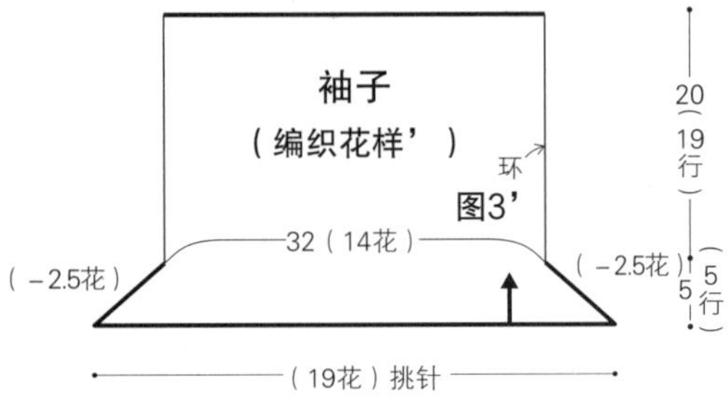

※花 = 个花样

图3

M号　袖下

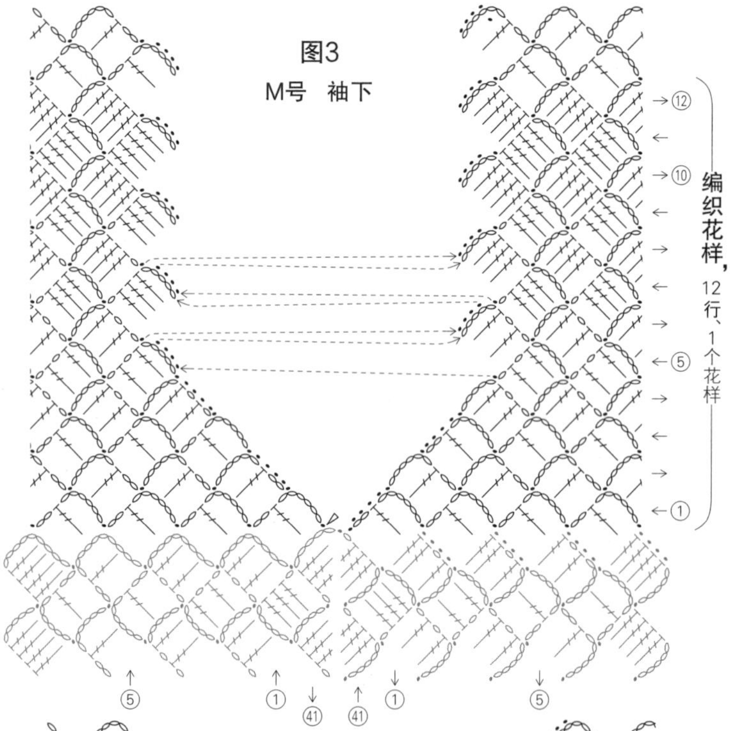

图3'

L号　袖下

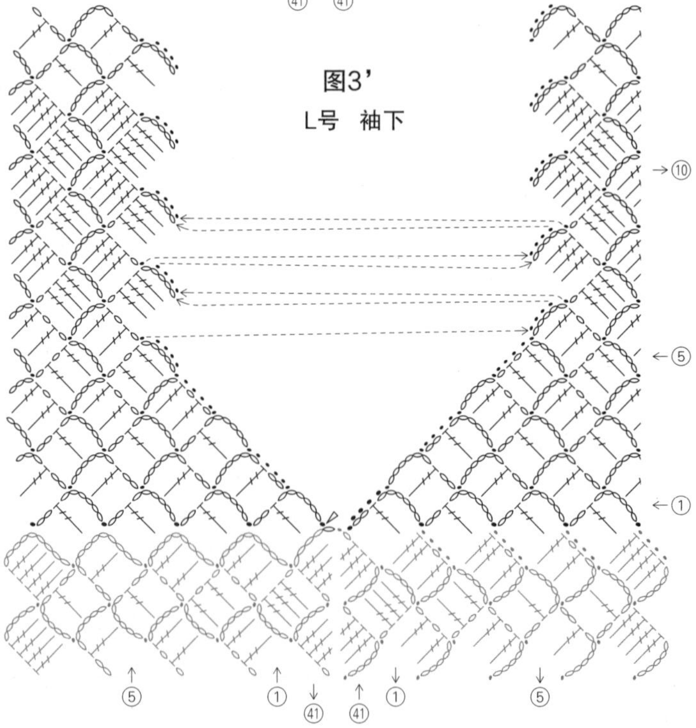

07

P10

●**材料工具**

用线 Wister纯毛中细毛线 浅紫色(58) 套头衫 M号…260g/9团 L号…290g/10团；暖袖 50g/2团

钩针 4/0号(套头衫)，5/0号(暖袖)

●**成品尺寸** M号…胸围102cm，衣长52cm，连肩袖长39cm； L号…胸围108cm，衣长55cm，连肩袖长41cm； 暖袖…腕围21cm，长24.5cm

●**密度** 10cm×10cm面积内：编织花样A 30针，18行；编织花样B 27.5针，15行

●**编织要点**

后身片 在下摆位置钩织锁针起针，从锁针的里山挑针开始钩织编织花样A。拉克兰线参照图1(L号参照图1')钩织，L号第1~35行与M号的相同，继续钩织第36~38行。

前身片 与后身片编织要领相同，拉克兰线参照图2(L号参照图2')钩织，L号第1~27行与M号的相同，继续钩织第28~30行。

袖 拉克兰线参照图3(L号参照图3')、图4(L号参照图4')钩织，L号第1~24行与M号的相同，继续钩织第25~32行。

组合 拉克兰线、胁部、袖下正面相对，用引拔针和锁针接合。领子环形钩织短针。

暖袖 锁针起针，从锁针的里山挑针开始钩织。肘部用5/0号钩针编织。两侧用引拔针和锁针接合。

M号

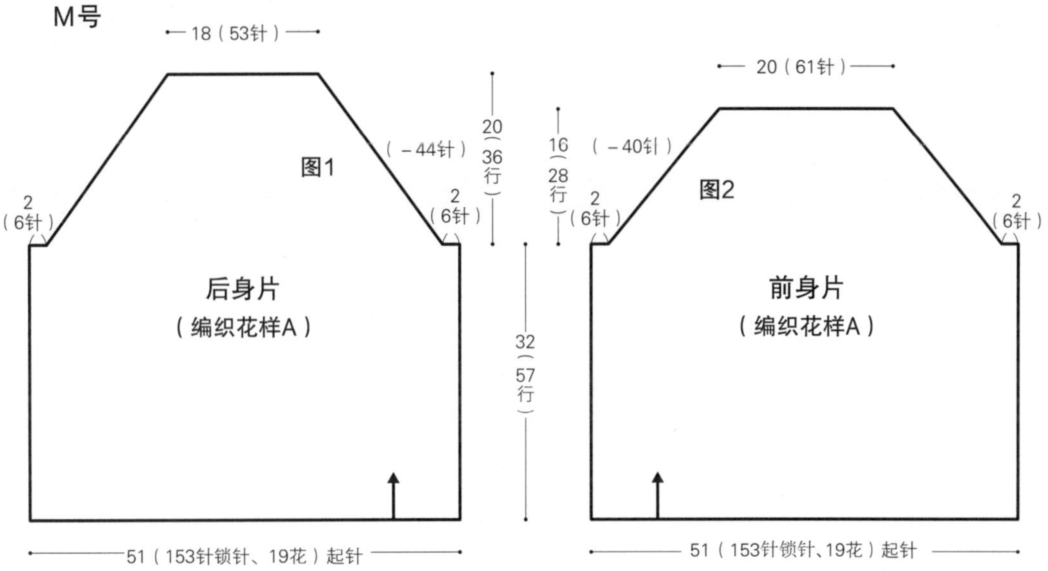

※全部用4/0号钩针编织
※花＝个花样

L号

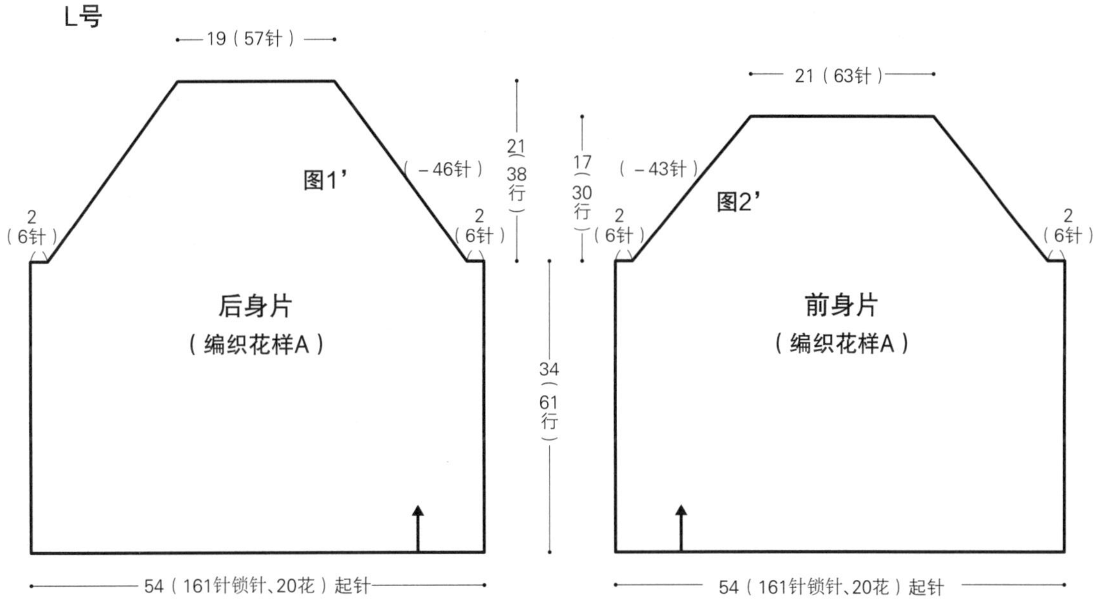

※全部用4/0号钩针编织
※花＝个花样

编织花样A

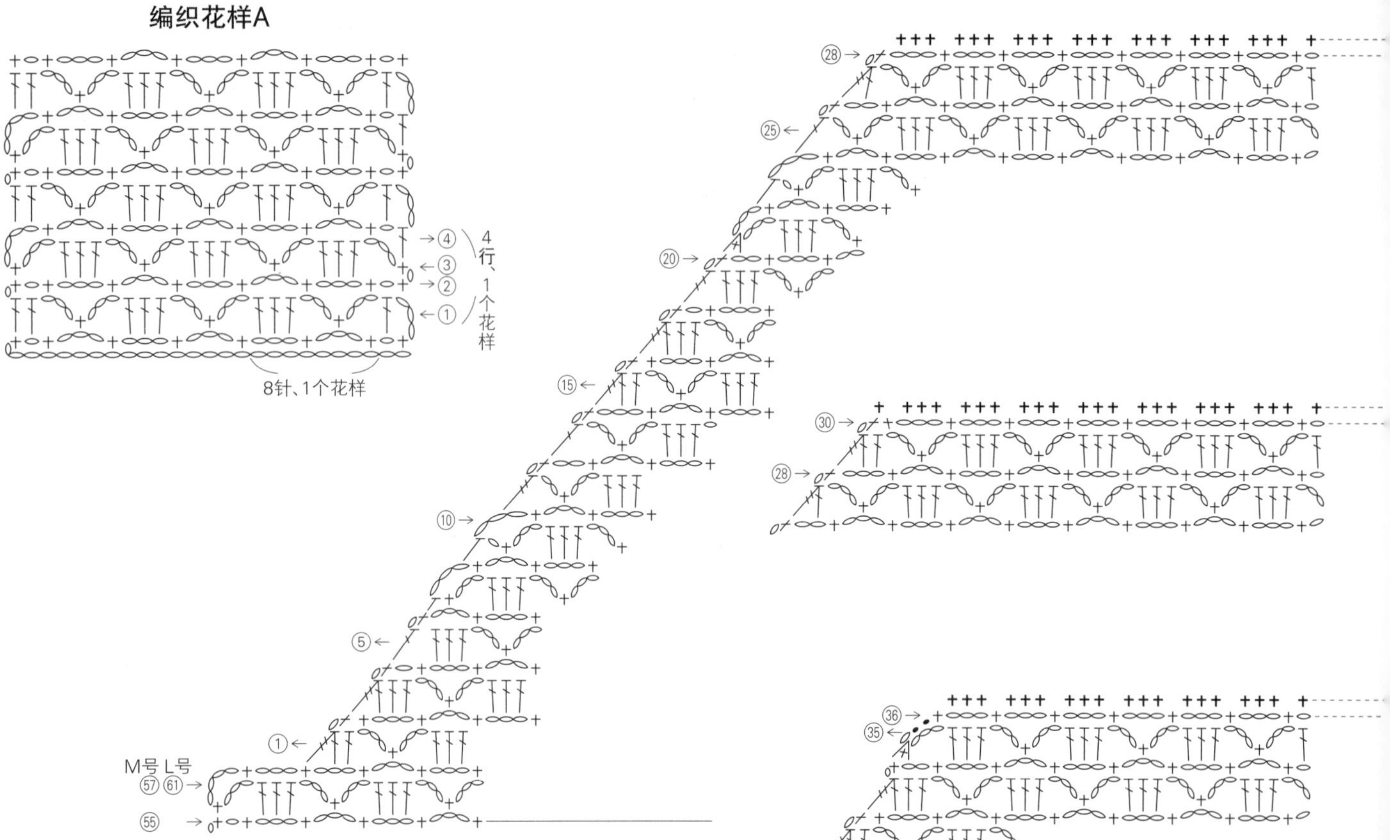
④
③
②
①
4行、1个花样
8针、1个花样
M号 L号
57 61
55
1
5
10
15
20
25
28
28
30

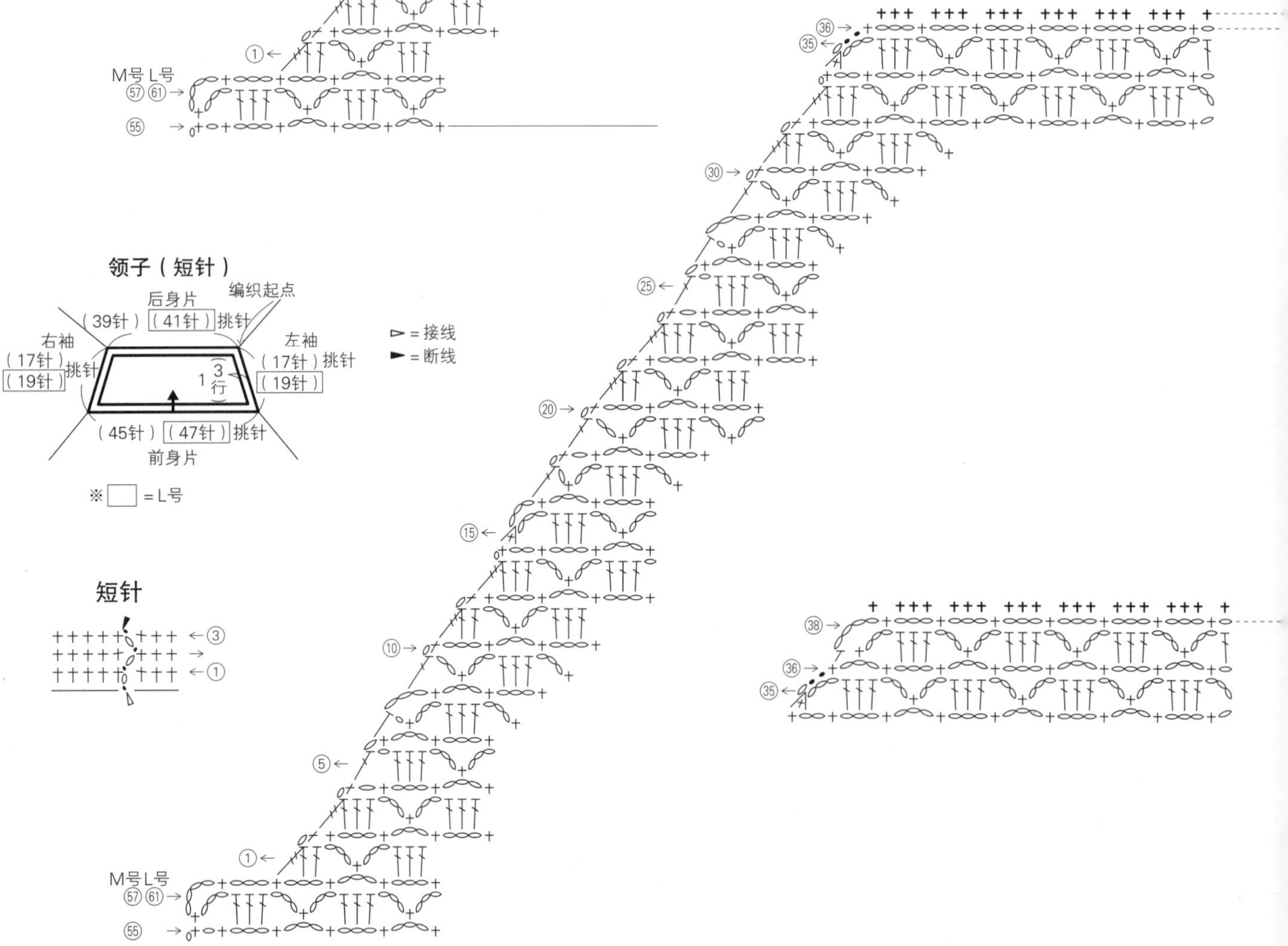
领子（短针）
后身片
编织起点
（39针）
（41针）挑针
右袖
（17针）
（19针）挑针
左袖
（17针）挑针
（19针）
1 3行
（45针）（47针）挑针
前身片
▷ = 接线
◀ = 断线
※□ = L号
短针
③
①
M号L号
57 61
55
1
5
10
15
20
25
30
35
36
35
36
38

图2 前身片拉克兰线

L号

图2’ 前身片拉克兰线

暖袖 2个

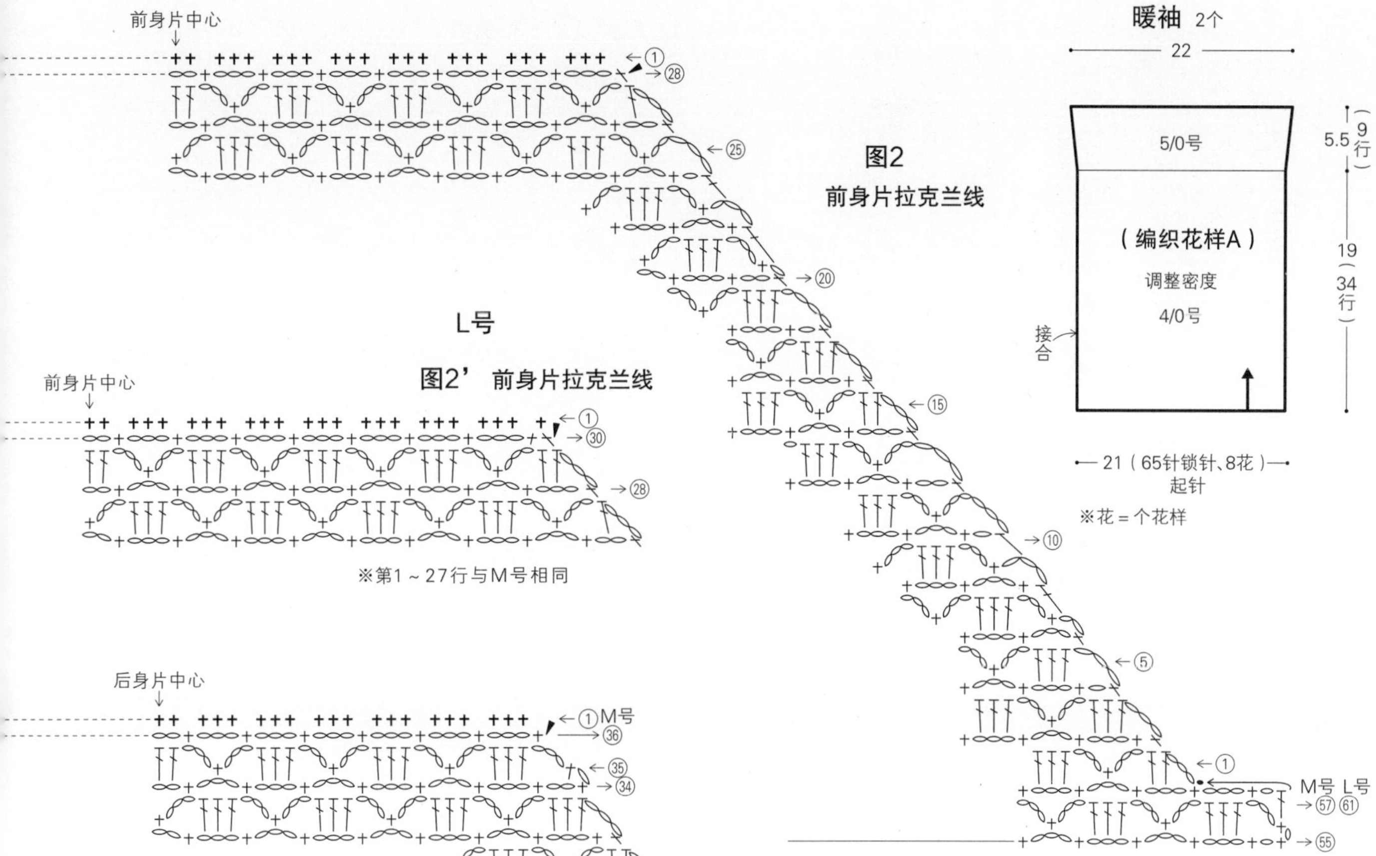

※第1～27行与M号相同

※花＝个花样

= 渡线

= 接线

= 断线

图1 后身片拉克兰线

L号

图1’ 后身片拉克兰线

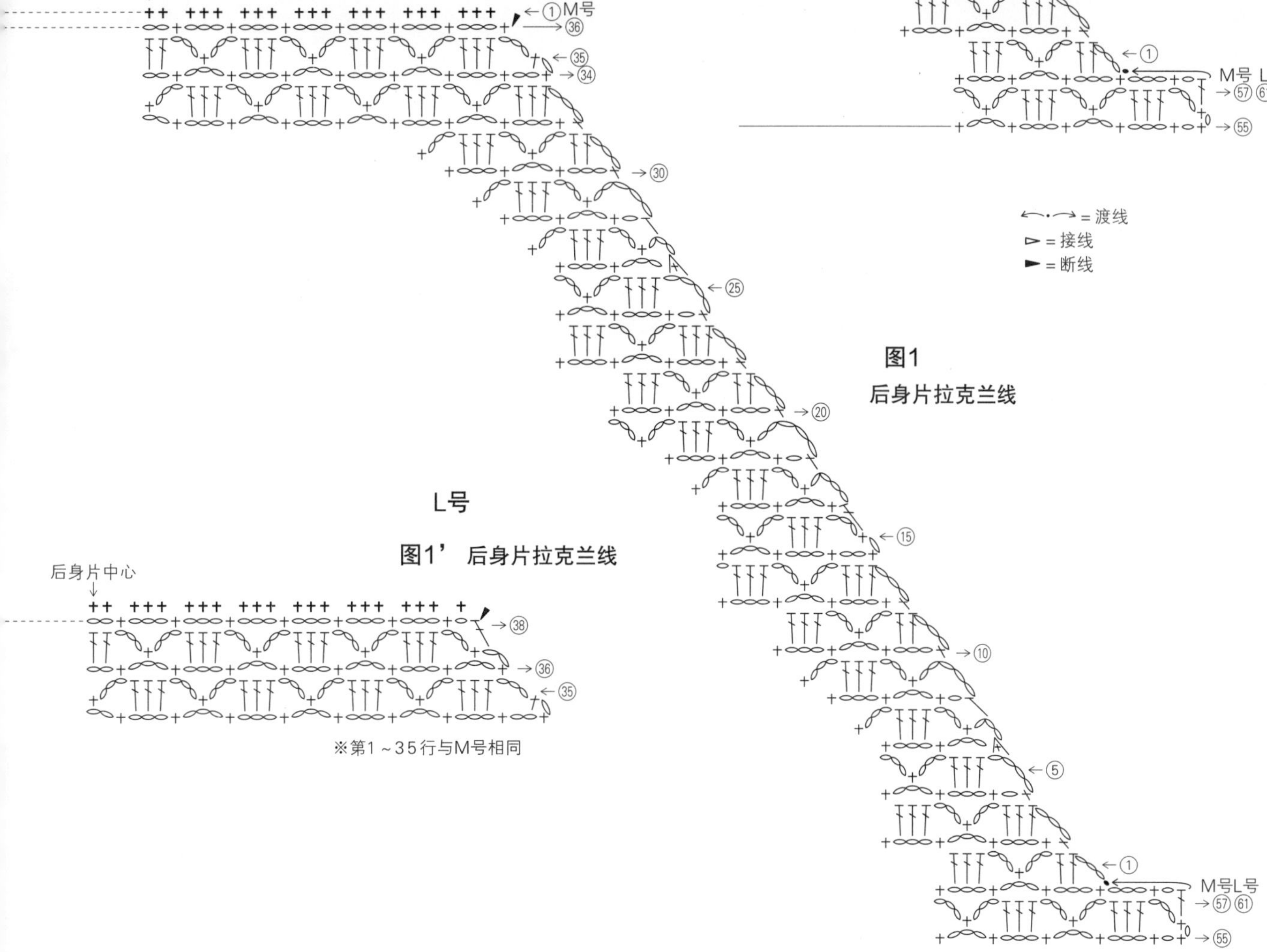

※第1～35行与M号相同

M号

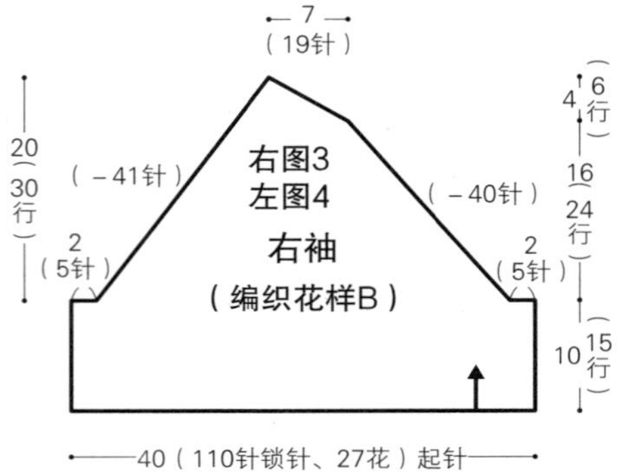

※左袖与右袖对称钩织
※全部用4/0号钩针编织
※花 = 个花样

编织花样B

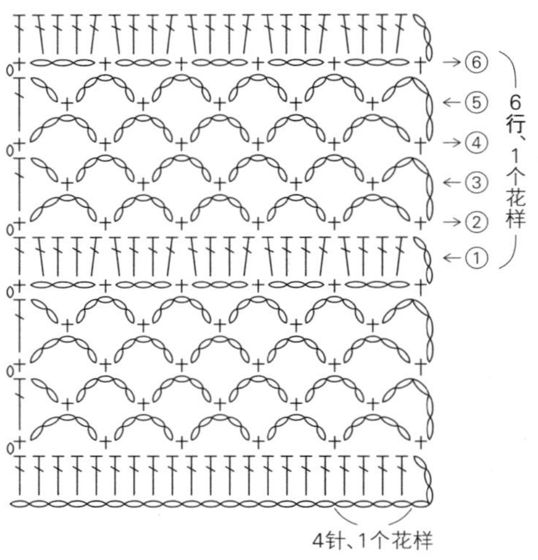

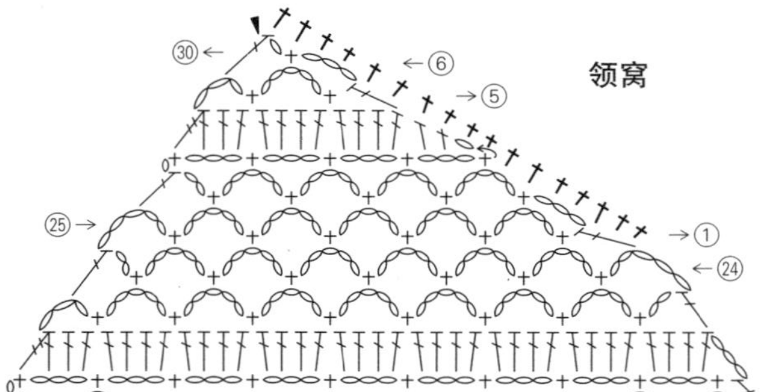
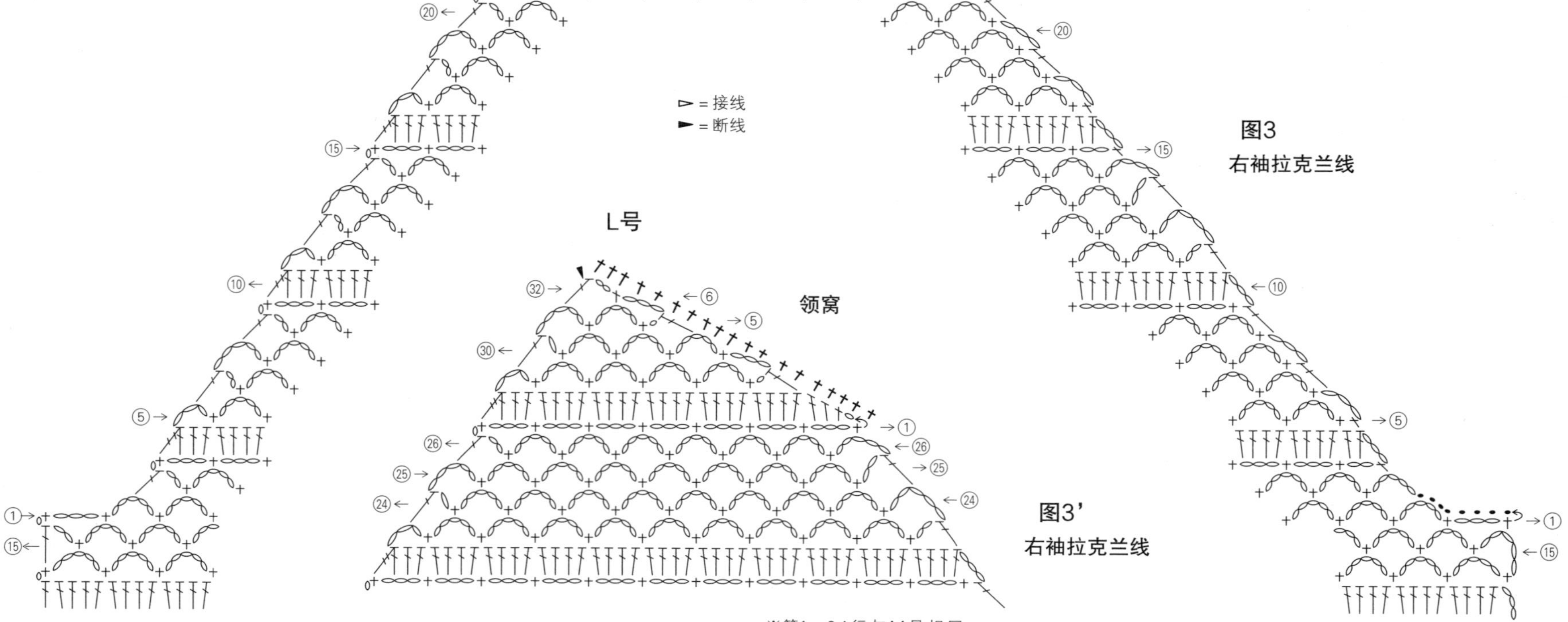

图3
右袖拉克兰线

L号

图3'
右袖拉克兰线

※第1～24行与M号相同

L号

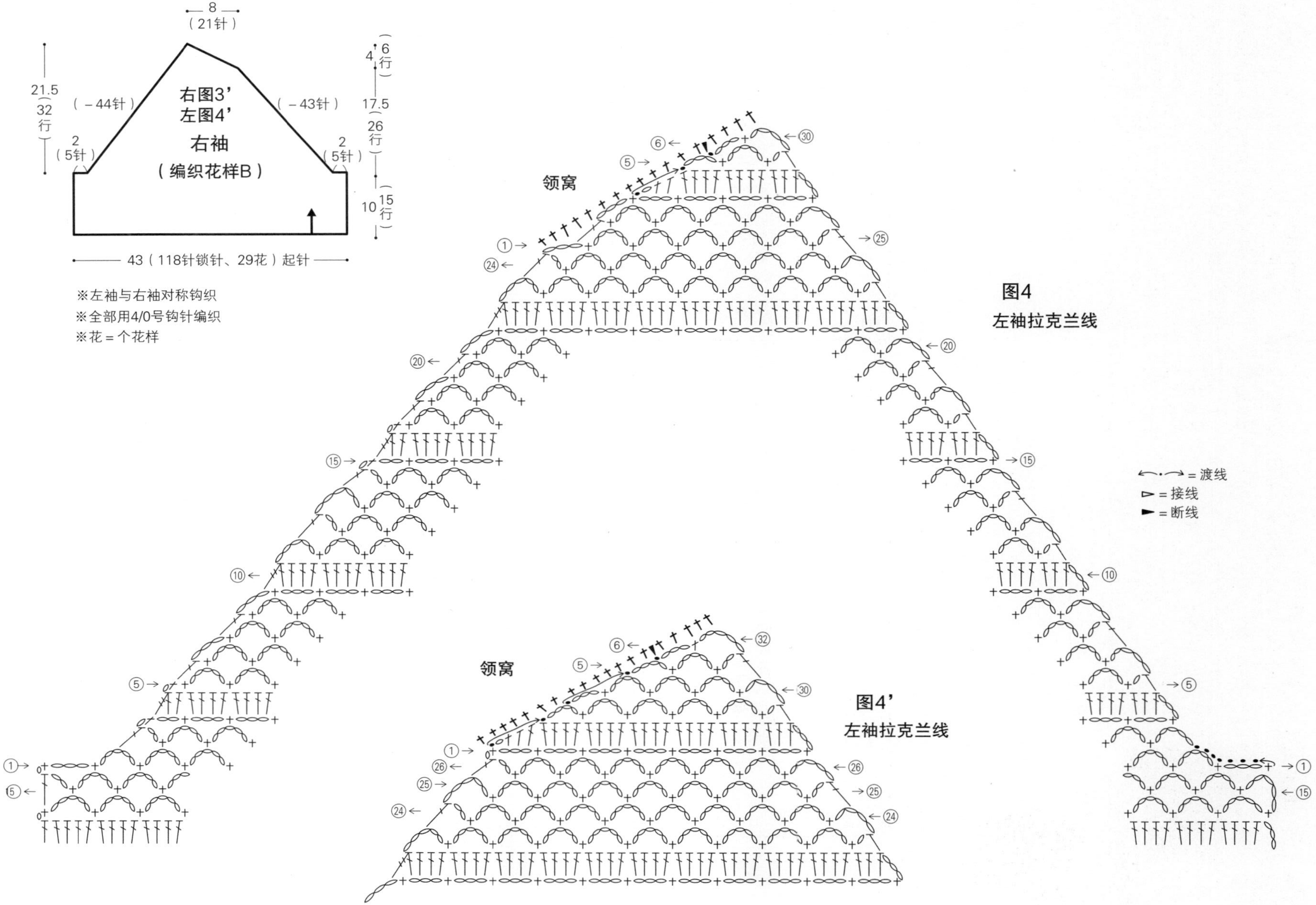

※左袖与右袖对称钩织
※全部用4/0号钩针编织
※花 = 个花样

领窝

图4
左袖拉克兰线

= 渡线
= 接线
= 断线

图4’
左袖拉克兰线

※第1～24 行与M号相同

08

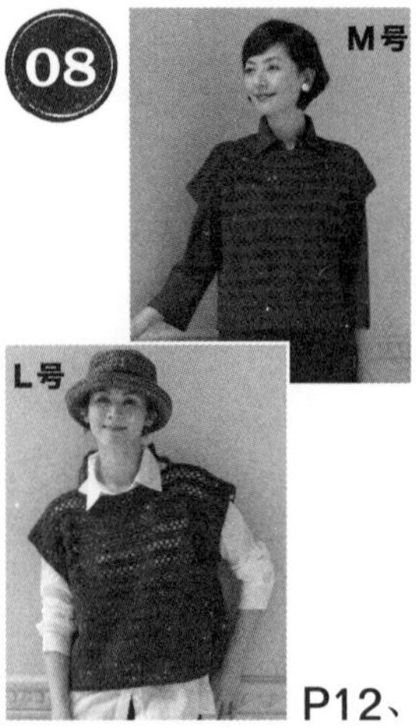

P12、13

●**材料工具**

用线 Wister耐洗粗毛线 M号…深红色(9) 240g/8团 L号…深绿色(14) 270g/9团

钩针 5/0号

●**成品尺寸** M号…胸围104cm，衣长45cm，连肩袖长28.5cm L号…胸围114cm，衣长48.5cm，连肩袖长30cm

●**密度** 10cm×10cm面积内：编织花样24针，12行

●**编织要点**

后身片、前身片 钩织2片相同大小的身片。在下摆位置钩织锁针起针，从锁针的里山挑针开始钩织编织花样，在袖子开口止位和领子开口止位做好对齐标记。

组合 将后身片和前身片的肩部正面相对，用引拔针和锁针接合。胁部用引拔针和锁针接合。下摆和袖口环形钩织长针，注意从起针的锁针和袖窿的长针成束挑起钩织。

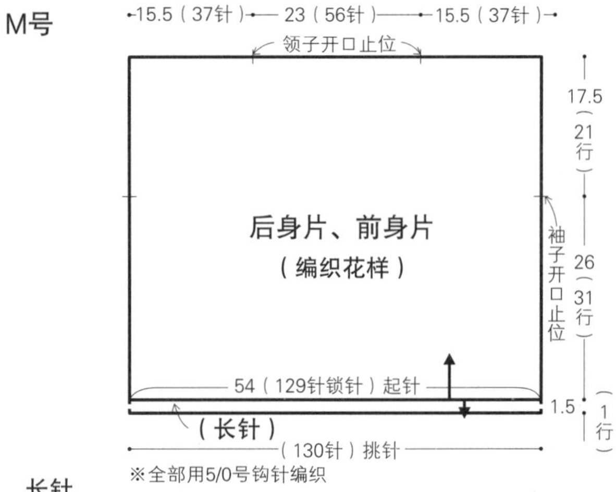

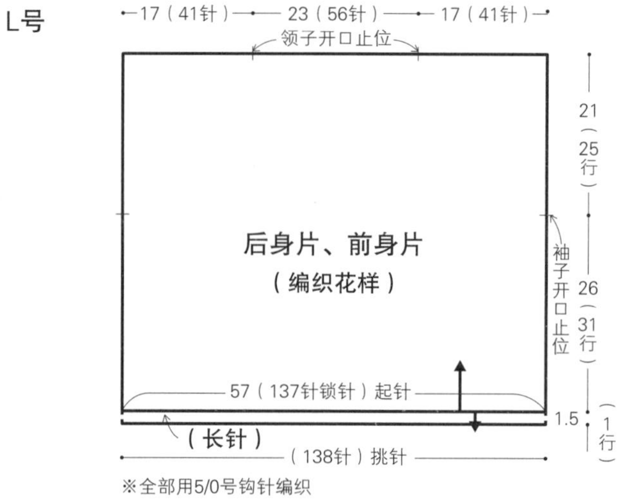

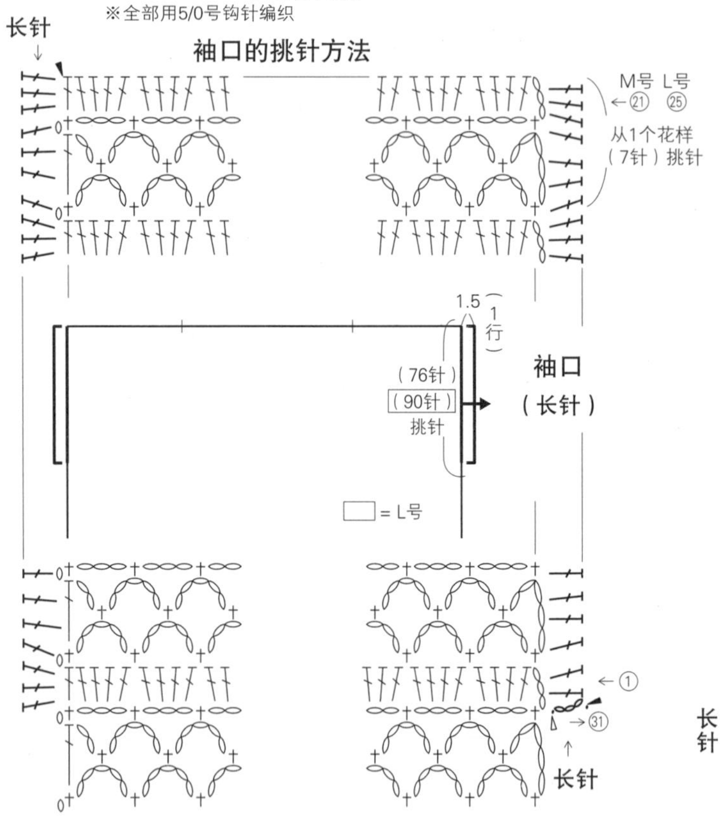

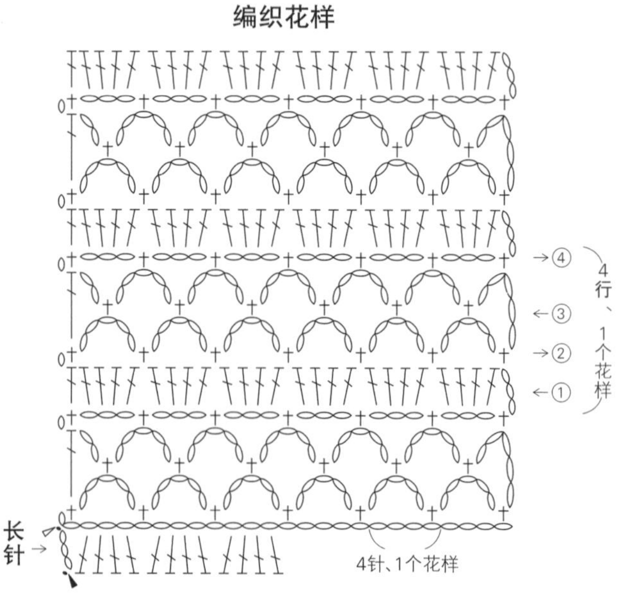

19

P28

●材料工具

用线　Wister Supra　青绿色系段染（84）M号…180g/8团　L号…240g/10团

钩针　7/0号，8/0号，10/0号

●成品尺寸

M号…胸围96cm，衣长60.5cm，连肩袖长24cm

L号…胸围108cm，衣长70cm，连肩袖长27cm

●密度　编织花样 1个花样10针为6cm，6行为8cm（7/0号钩针）

●编织要点

后身片、前身片　钩织2片大小相同的身片。在肩部和领口位置钩织锁针起针，从锁针的里山挑针，往下摆方向钩织。钩织编织花样，在领子开口止位和袖子开口止位做好对齐标记。如图所示，钩织时要更换钩针的号数。

组合　后身片、前身片的肩部正面相对用引拔的锁针接合，胁部用引拔针缝合。

M号

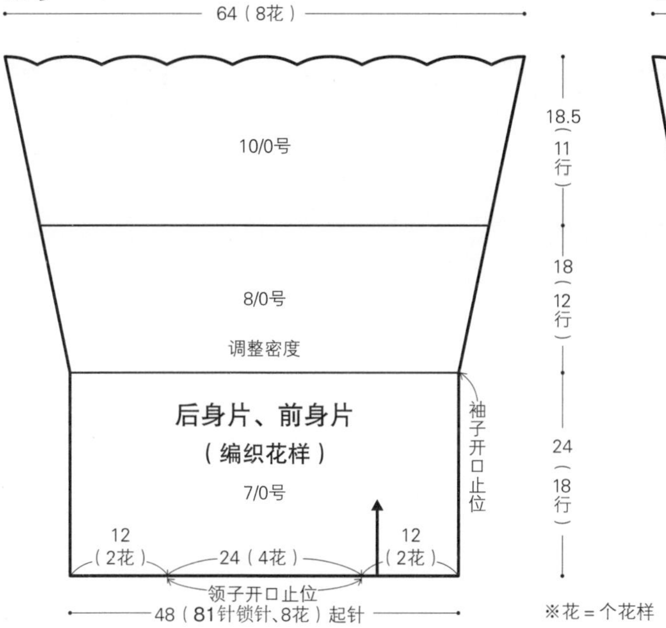

※花＝个花样

L号

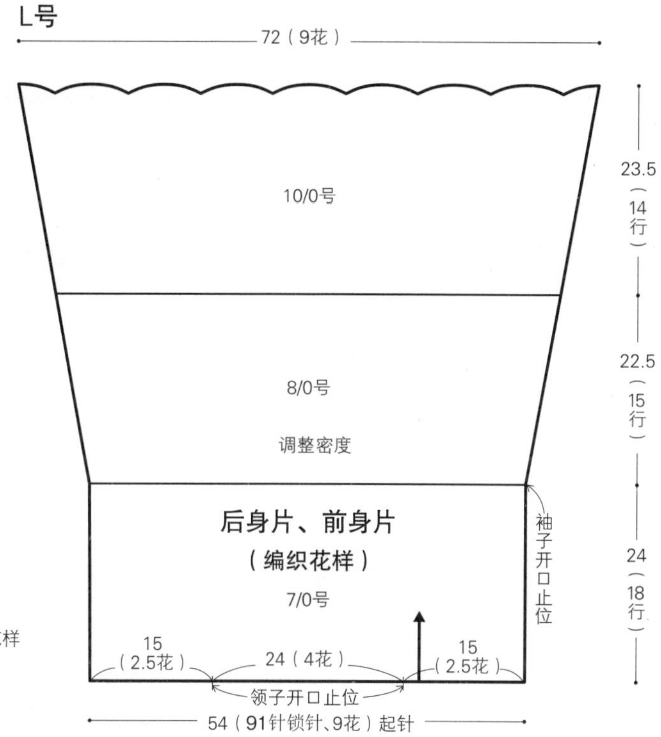

编织花样

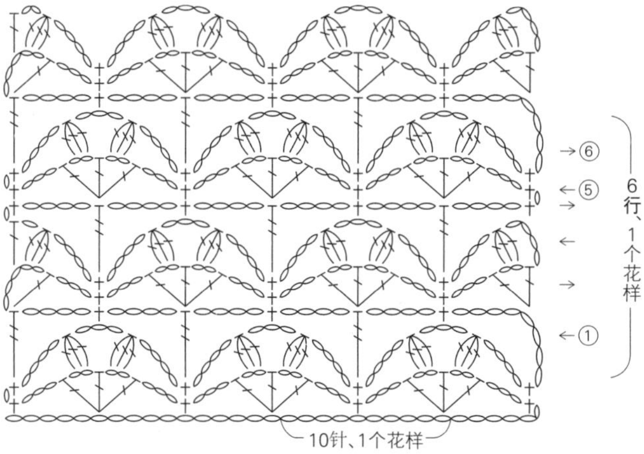

3针长针的枣形针（成束挑针）

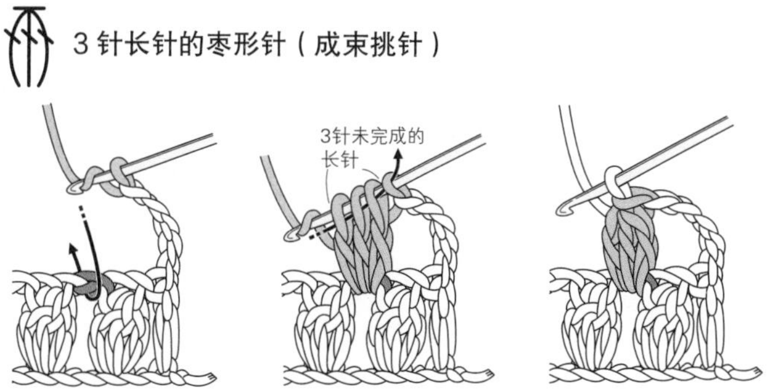

1 钩针上挂线，插入前一行锁针的下方空隙中。

2 钩织3针未完成的长针，钩针上挂线，一次引拔穿过4个线圈。

3 3针长针的枣形针完成。

09

P14、15

●**材料工具**

用线 Wister耐洗粗毛线 M号…黄绿色(13) 240g/8团 L号…芥末黄色(4) 280g/10团

钩针 6/0号

●**成品尺寸** M号…胸围94cm，衣长55cm，连肩袖长40.5cm L号…胸围100cm，衣长59cm，连肩袖长42cm

●**密度** 10cm×10cm面积内：编织花样23针，13.5行

●**编织要点**

后身片 在下摆位置钩织锁针起针，从锁针的里山挑针开始钩织编织花样，在袖缝合止位做好对齐标记。后领窝参照图1钩织。

前身片 与后身片编织要领相同，前领尖参照图2钩织。

袖子 与后身片编织要领相同，袖下参照图3钩织。

组合 将后身片和前身片的肩部正面相对，用引拔针和锁针接合，领子环形做边缘编织。袖子与身片对齐，针与行用引拔针和锁针接合。胁部用引拔针和锁针缝合。下摆和袖口环形做边缘编织。

M号

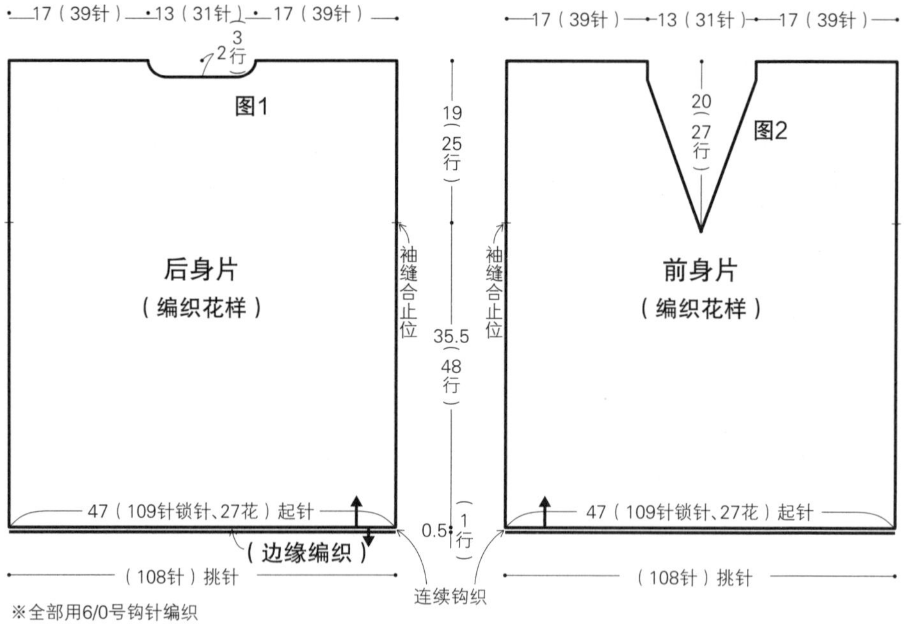

※全部用6/0号钩针编织

※花＝个花样

L号

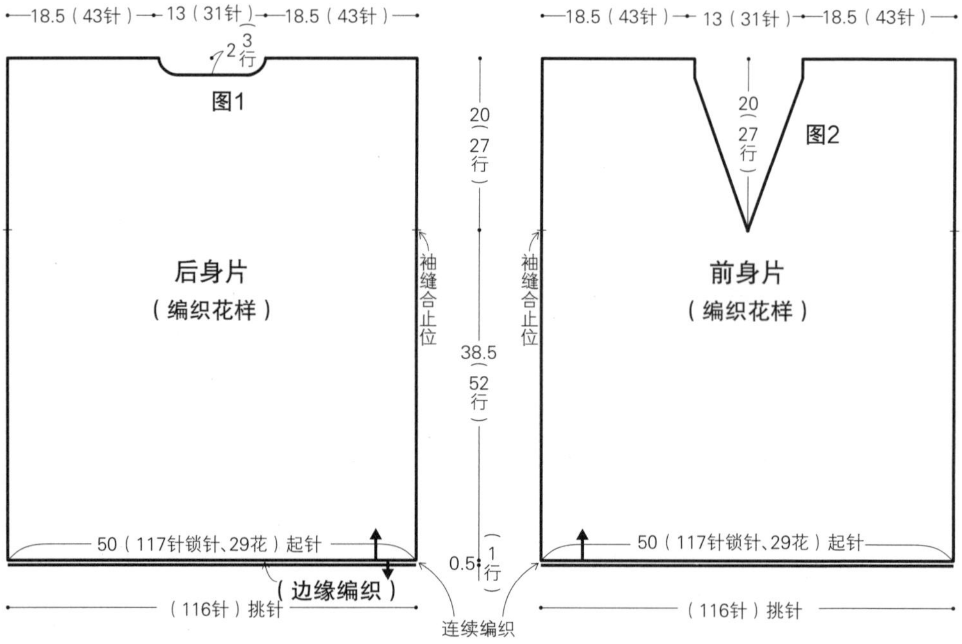

※全部用6/0号钩针编织

※花＝个花样

图1 后领窝

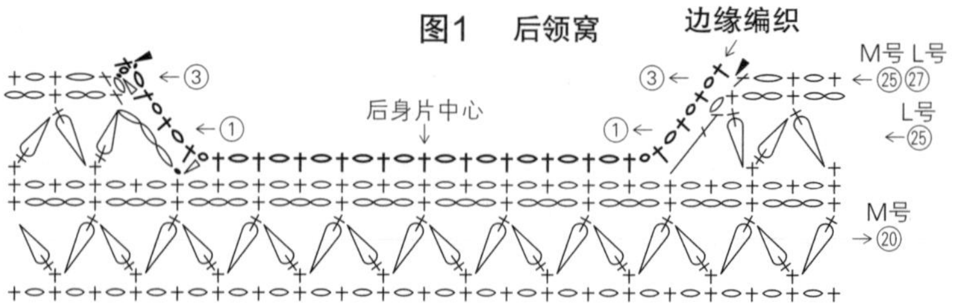

编织花样

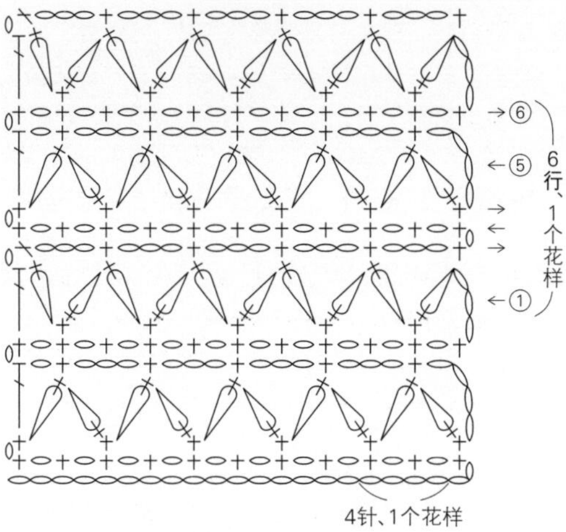

领子（边缘编织）

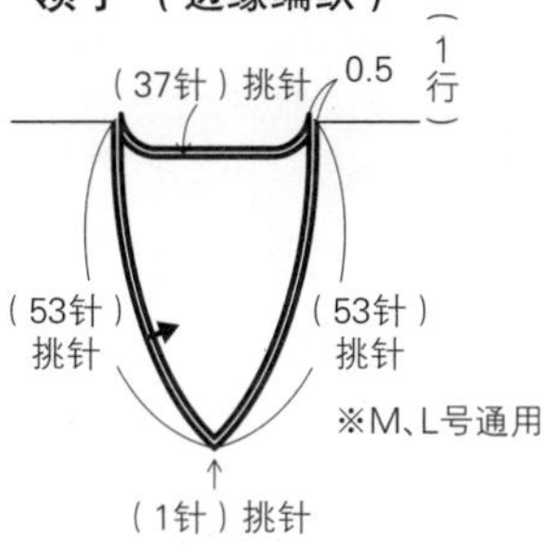

边缘编织

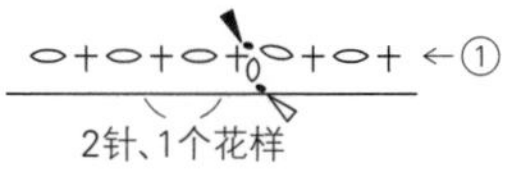

M号

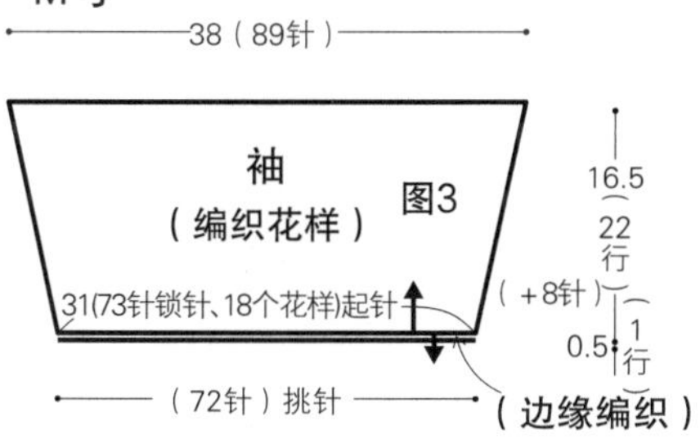

L号

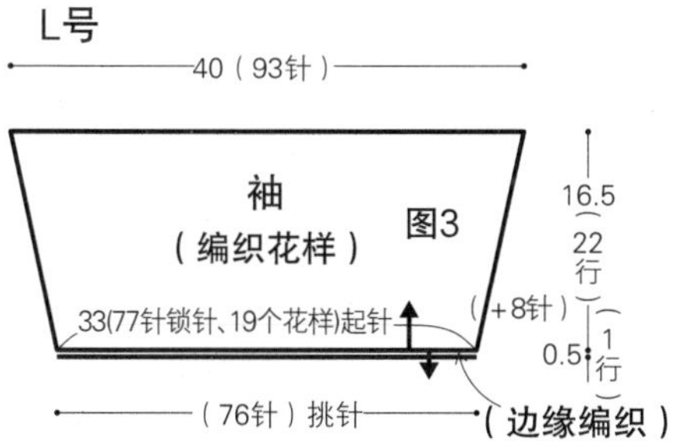

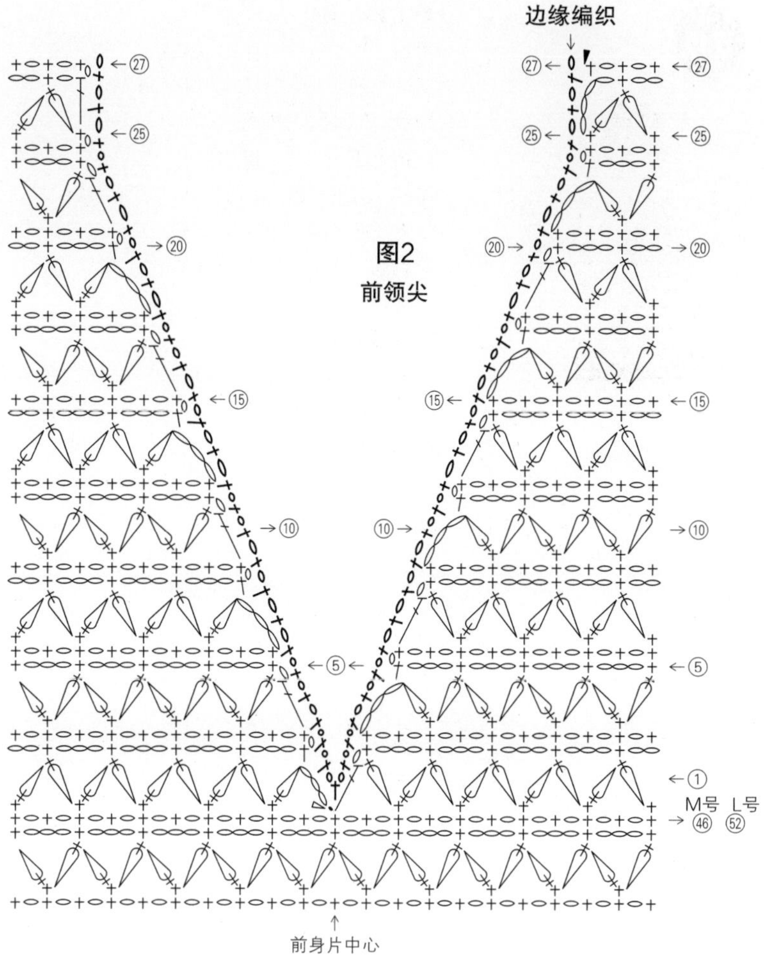

▷ = 接线　▶ = 断线

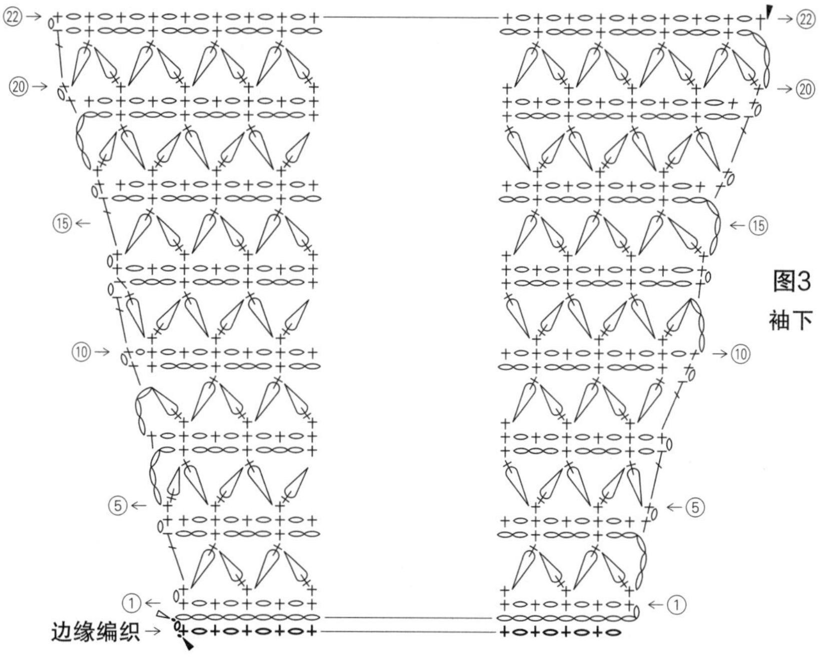

10

P16

●材料工具

用线 Wister Sylphide Mohair 银灰色（35）

M号…250g/9团 L号…280g/10团

钩针 5/0号、6/0号

●成品尺寸

M号…胸围96cm，衣长50cm，连肩袖长35cm

L号…胸围104cm，衣长50cm，连肩袖长35cm

●密度 10cm×10cm面积内：编织花样A 2.5个花样，9行

●编织要点

育克 从领窝的左后方开始钩织。钩织锁针起针引拔成环，从锁针的里山挑针，按编织花样A’分散加针钩织。

后身片、前身片 育克部分完成后，后身片继续往返钩织3行。在右后身片的袖子开口止位钩织腋下的锁针，越过袖口在右前身片的袖子开口止位引拔断线。在左后身片接线，钩织第4行至右腋下断线。在左前身片胁处接线，钩织腋下的锁针后在左后身片引拔断线。在左前身片胁处指定位置接线钩织腋下部分的第4行，与后身片的第4行连在一起，继续往下钩织前、后身片。下摆钩织编织花样B，第1行钩织长针，最后1行钩织短针。

袖 从育克和腋下挑针，按编织花样A、B环形编织。编织花样B从1个花样里挑7针，袖下加1针。

组合 领子部分看着反面从领窝挑针，按编织花样B环形编织。

图1 编织花样A’（分散加针）

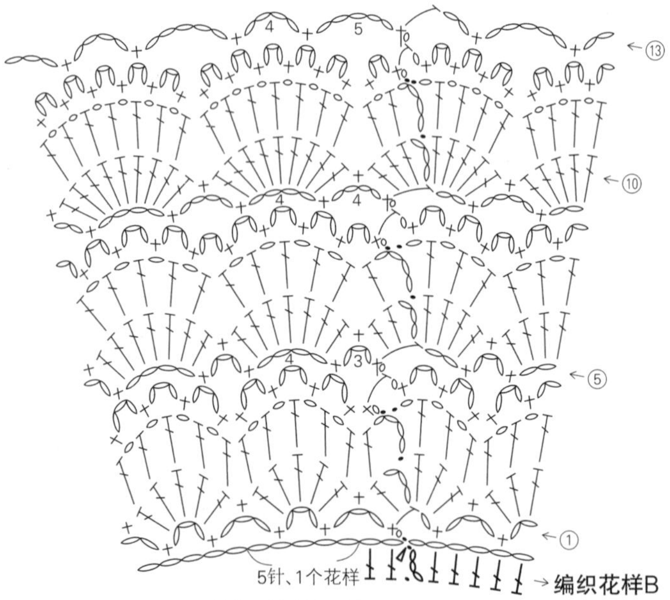

※L号从17针中挑16针

编织花样A

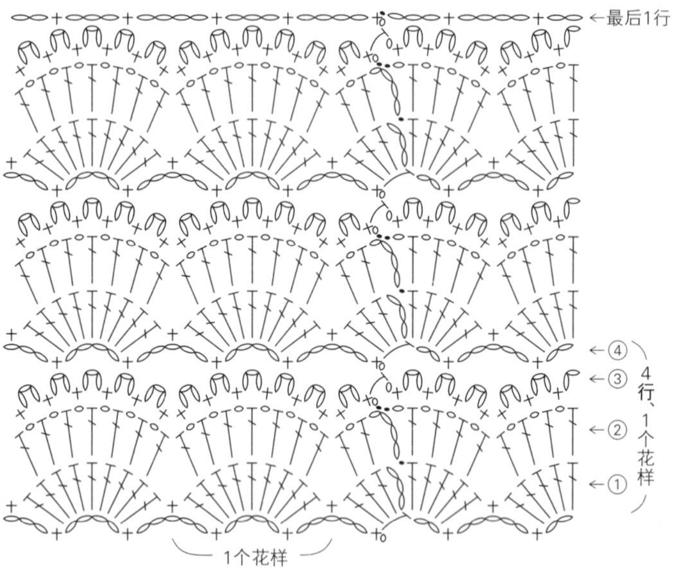

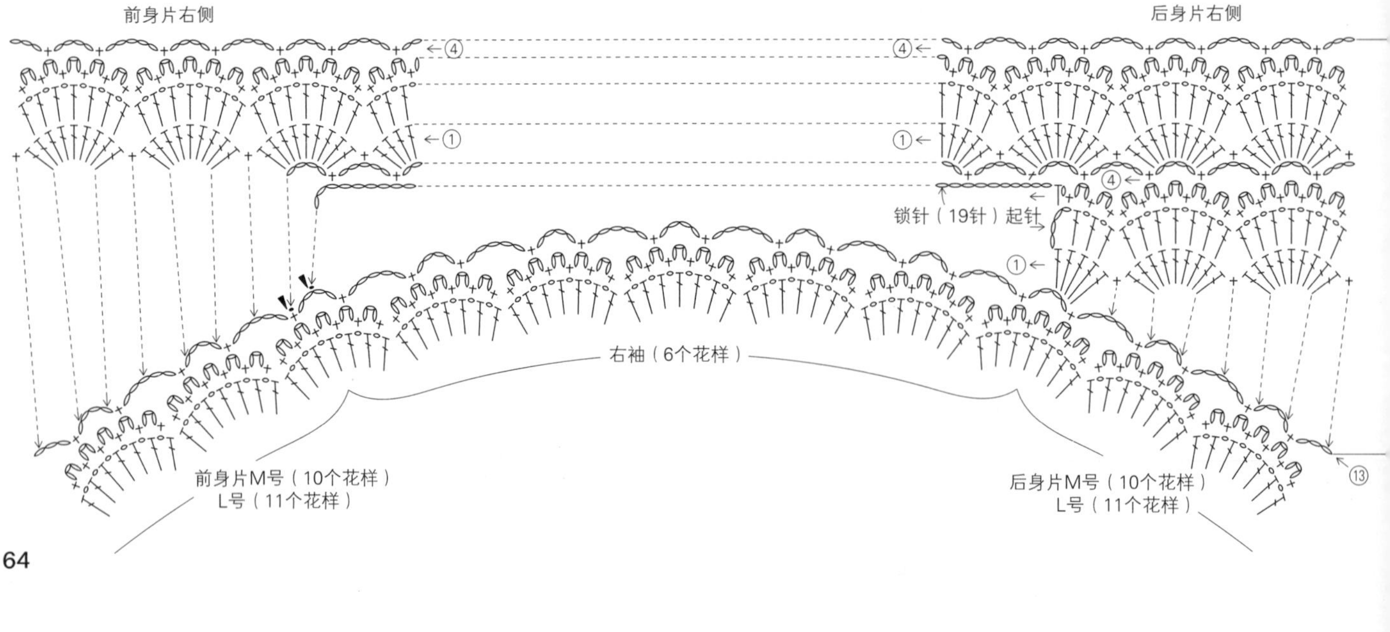

编织花样B

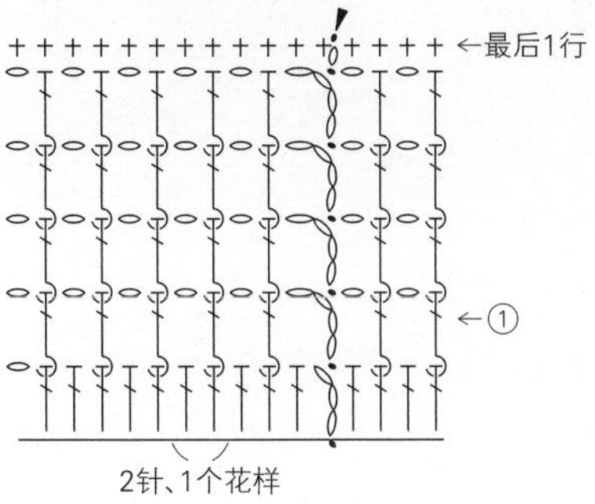

※除特别指定外全部用5/0号钩针编织
※花＝个花样
※□＝L号

※○●
◇◆
☆★ ＝1个花样

※腋下○◇●◆，钩织锁针起针前、后19针（如图所示），将前后身片连起来环形编织

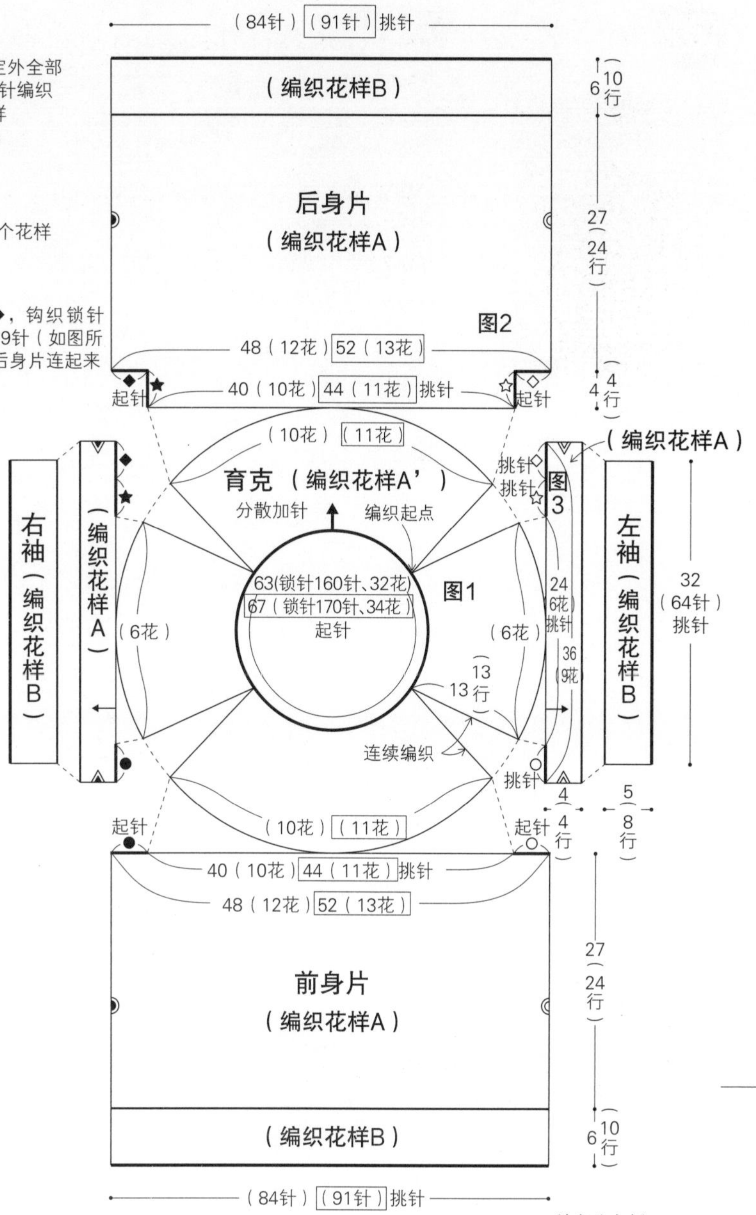

下摆

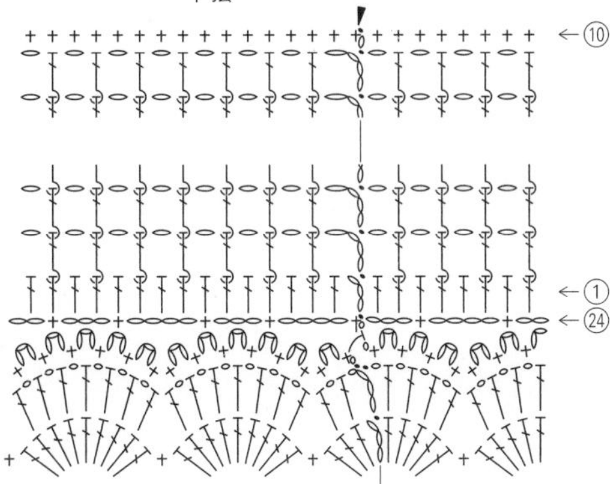

▻＝接线
►＝断线

图2 后身片左侧

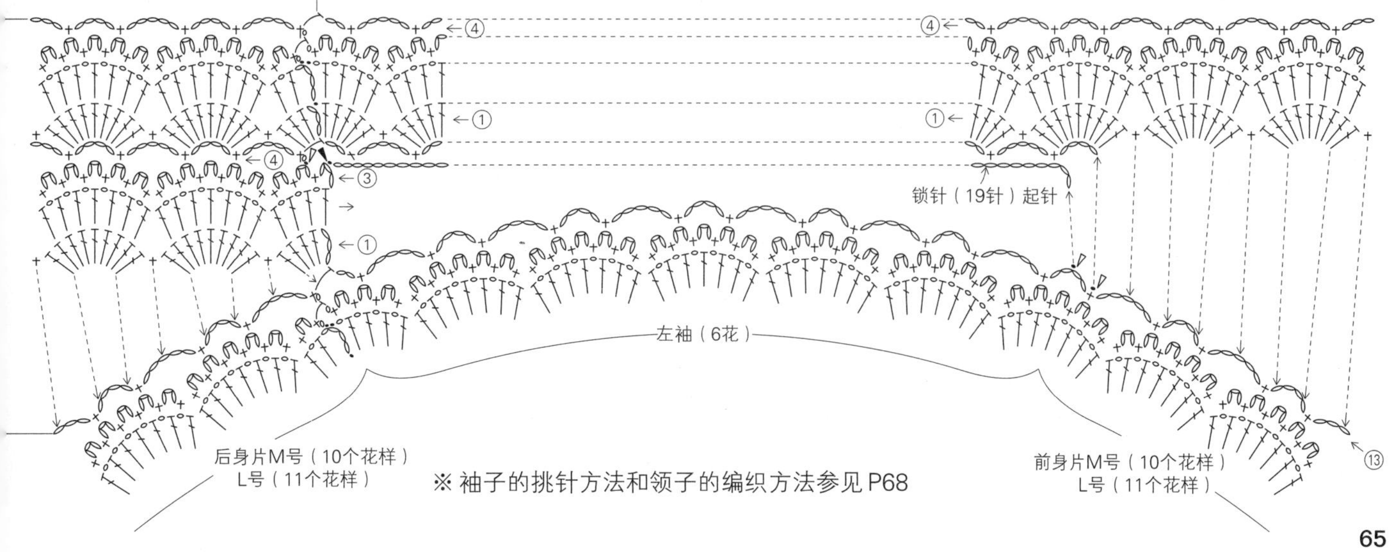

※ 袖子的挑针方法和领子的编织方法参见 P68

11

P17

●材料工具

用线　Wister Lady　金褐色系段染(2)

370g/5团

纽扣　直径2cm…5颗

钩针　8/0号

●成品尺寸　胸围102cm，衣长61cm，

连肩袖长69cm

●密度　10cm×10cm面积内：

编织花样13.5针，9行

育克的分散减针

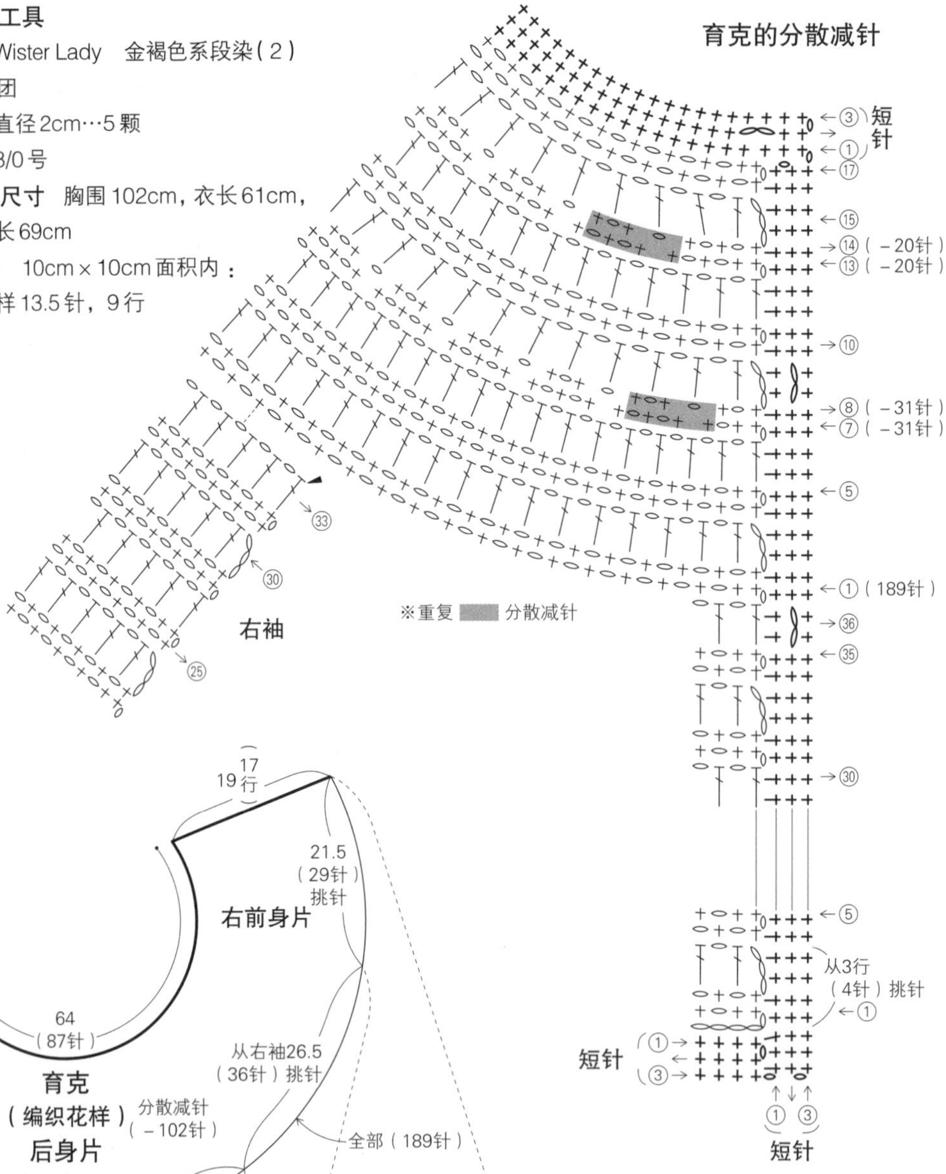

▻=接线
►=断线

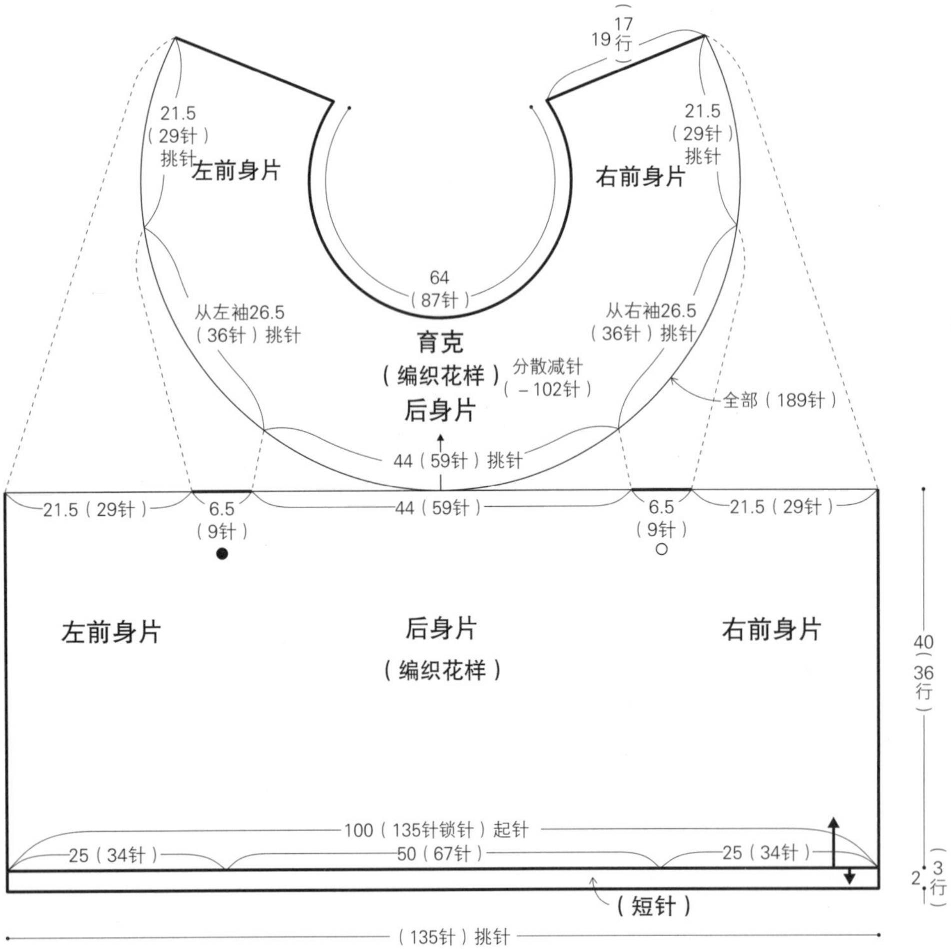

※全部用8/0号钩针编织

●编织要点

后身片、前身片　在下摆位置钩织锁针起针，从锁针的里山挑针，按编织花样开始钩织。直编至胁处，在右前身片休线备用。在育克挑针位置做好对齐标记。在下摆钩织3行短针。

袖　与前、后身片编织要领相同，左、右袖对称在育克挑针位置做好对齐标记。

育克　用右前身片休线继续钩织。按右前身片、右袖、后身片、左袖、左前身片的顺序挑针，一边分散减针一边钩织编织花样。

组合　前门襟和领子钩织短针，在右前门襟和领子处留出扣眼。袖下挑针缝合，前、后身片胁线的腋下和袖下卷针缝合。在左前身片缝上纽扣。

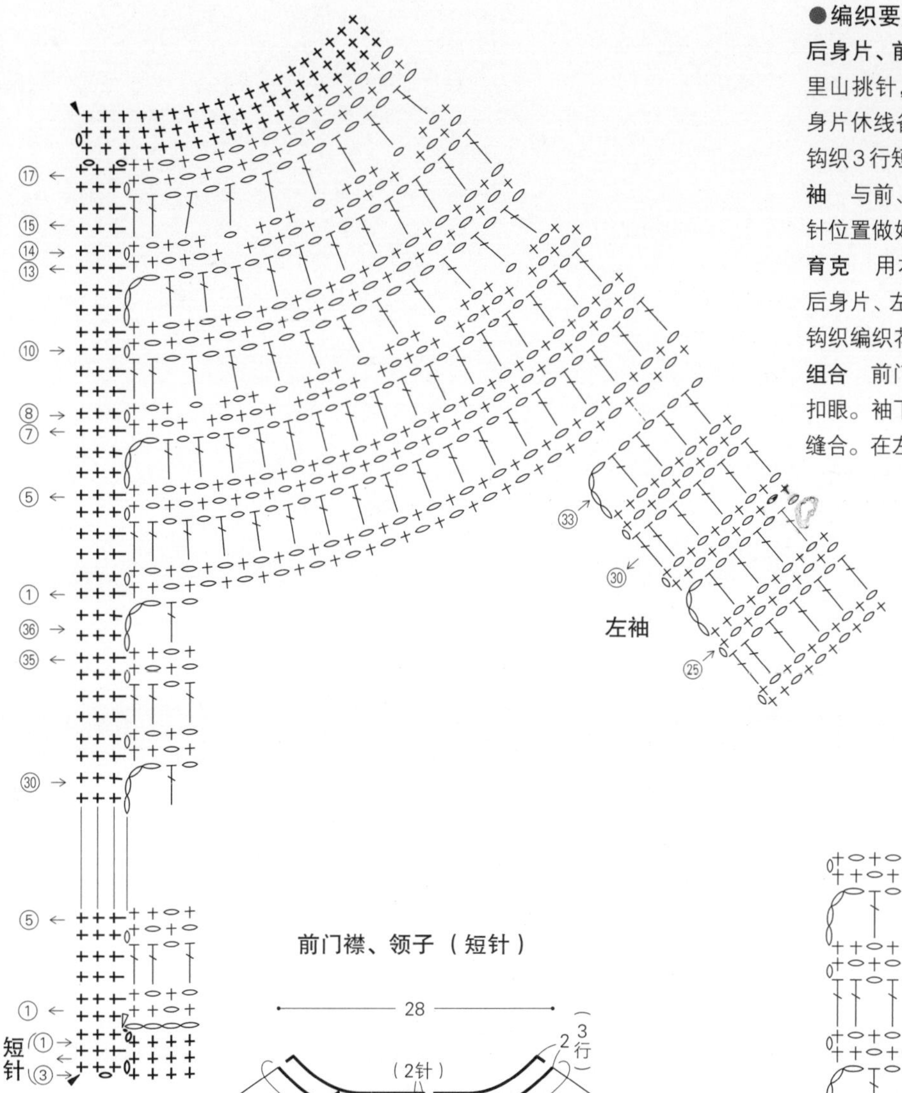

编织花样

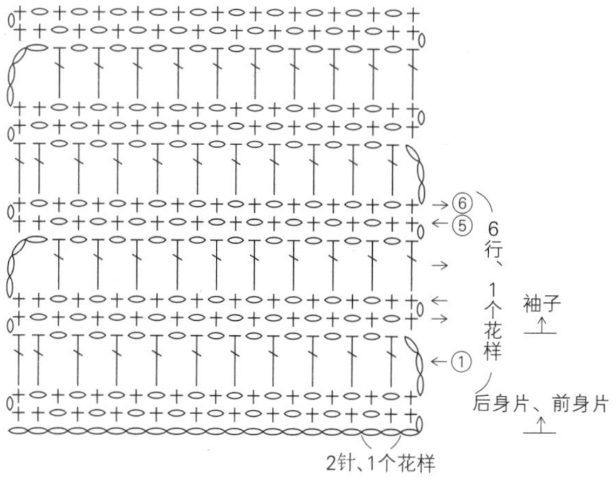

前门襟、领子（短针）

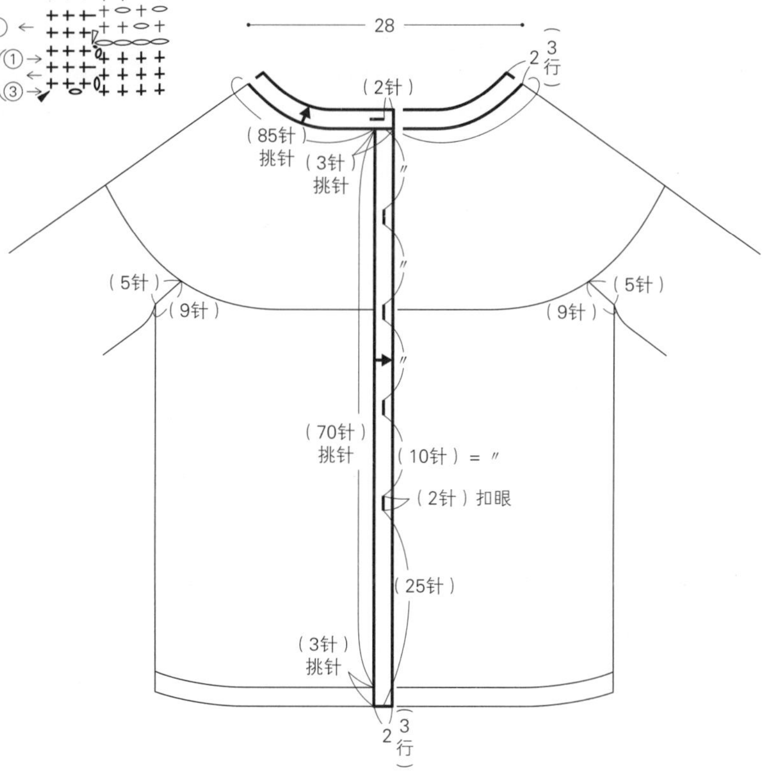

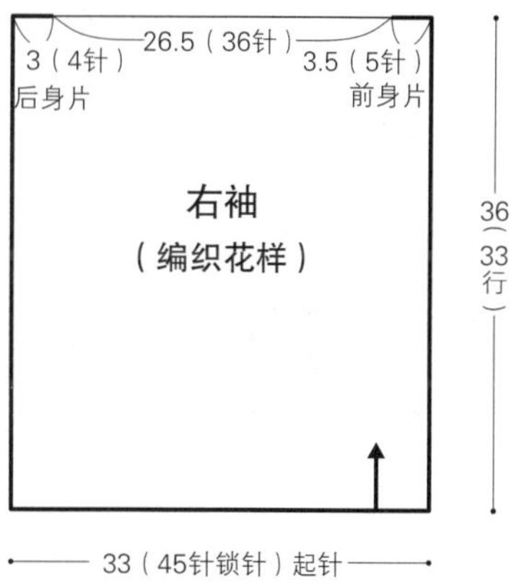

※左袖与右袖对称做好对齐标记

13

P19

●**材料工具**

用线　Wister Kaylee　橘黄色、红褐色、灰褐色系段染（203）350g/5团

钩针　6/0号

●**成品尺寸**　胸围92cm，衣长55.5cm，连肩袖长29cm

●**密度**　编织花样1个花样4.6cm×10cm内9行

●**编织要点**

左前身片　在后领中心位置钩织锁针起针，从锁针的里山挑针钩织编织花样。参照图1，后领钩织6行后，肩部的针目钩织锁针起针并在后领上引拔后断线。向下摆方向一边加针一边钩织。钩织完袖窿后，减1个花样。

右前身片　从左前身片后领中心的起针处挑针，与左前身片编织要领相同，参照图2，与左前身片对称钩织。

后身片　从左前身片和右前身片的肩部、后领的相同标记处挑针钩织。

组合　胁部和袖下用引拔针和锁针接合。前门襟和领子的边缘编织做往返编织，袖口做环形的往返编织。

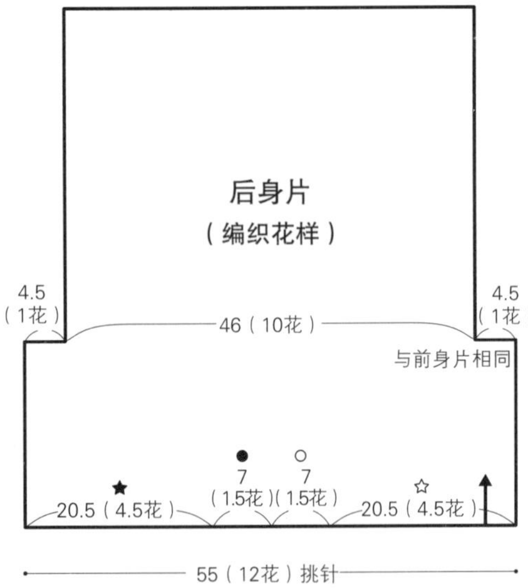

※全部用6/0号钩针编织

※花＝个花样

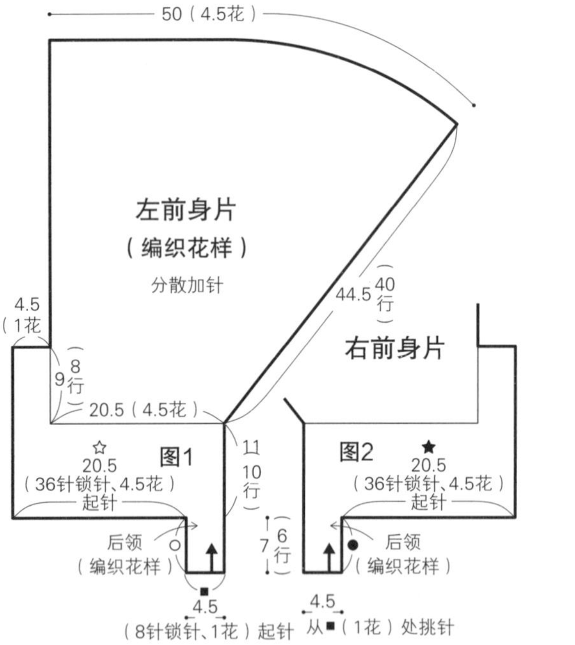

※右前身片与左前身片对称钩织

10 接P65

图3　袖子的挑针方法

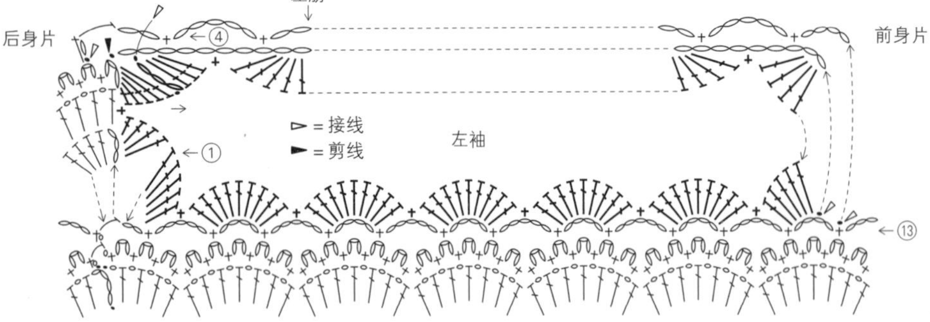

※右袖与左袖对称钩织

领子

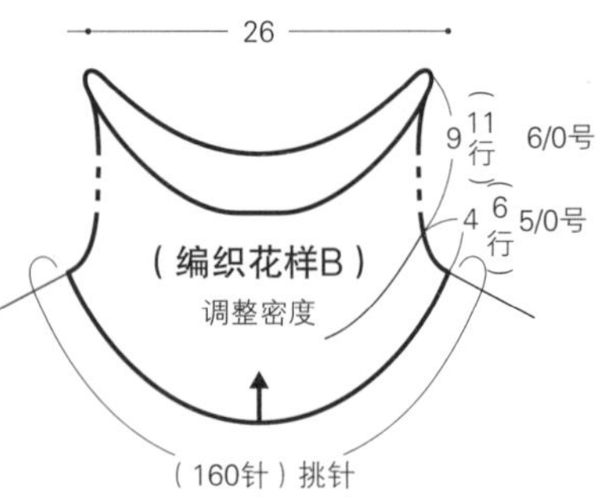

※领子的正面要翻折过来，需从反面挑针

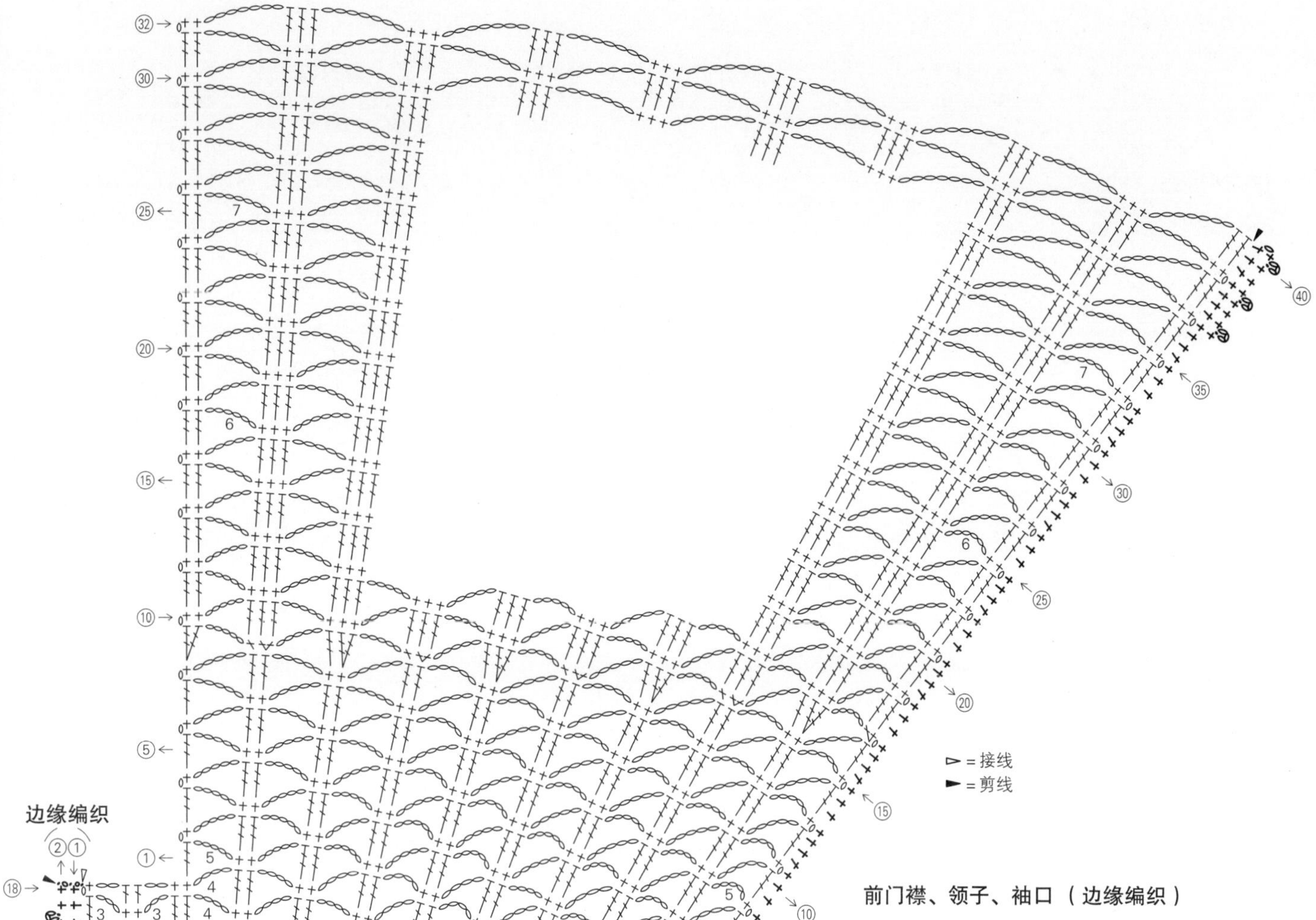
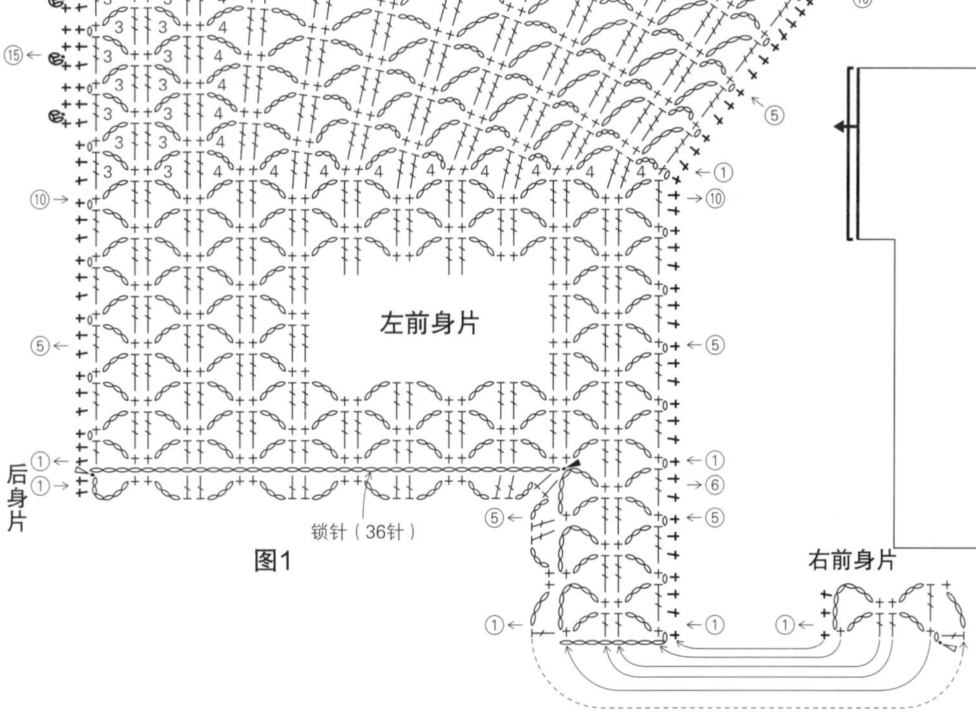

图1

前门襟、领子、袖口（边缘编织）

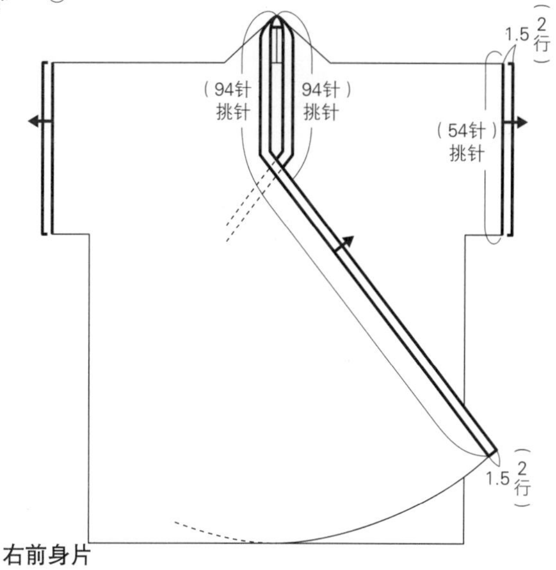

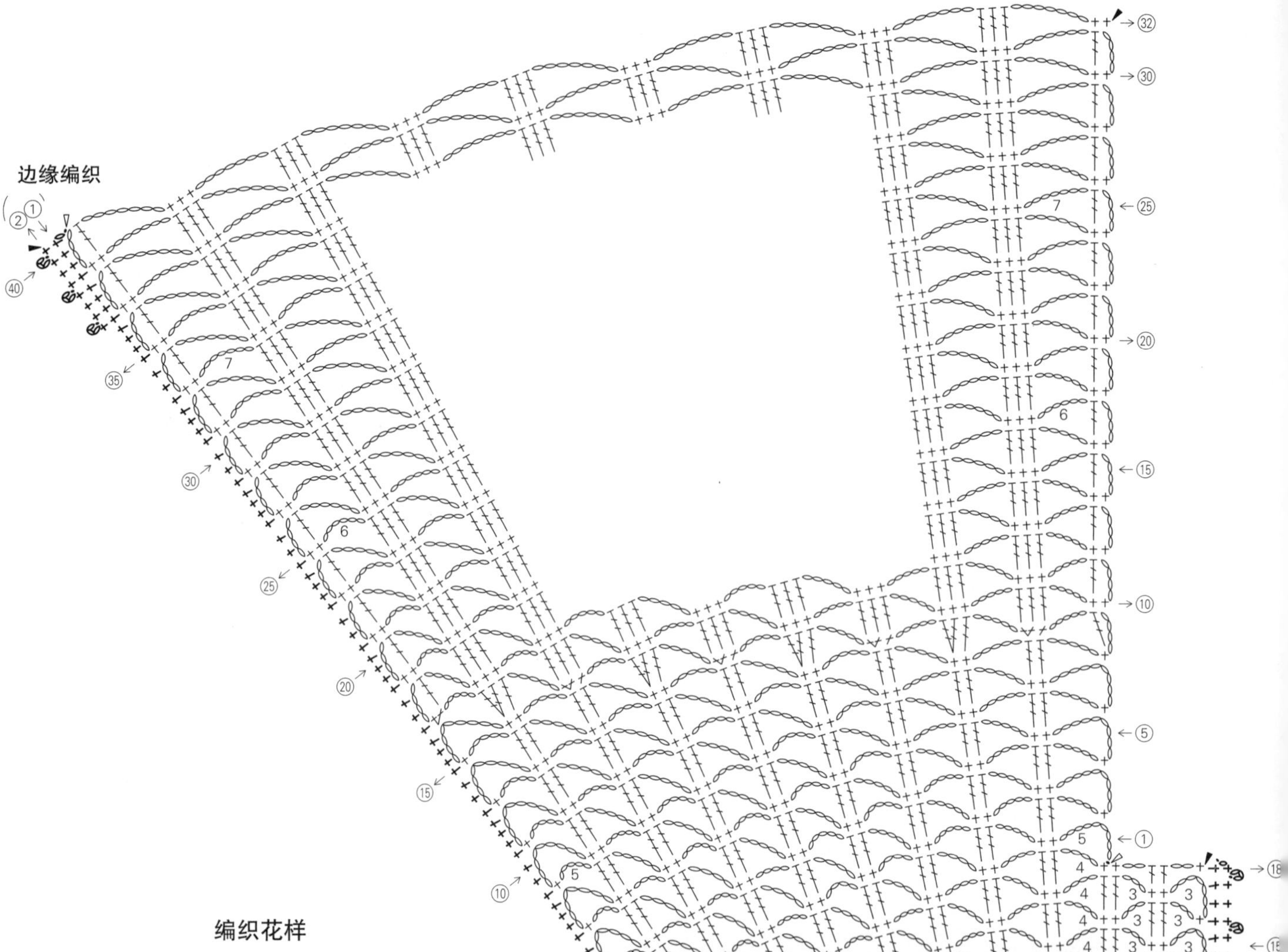

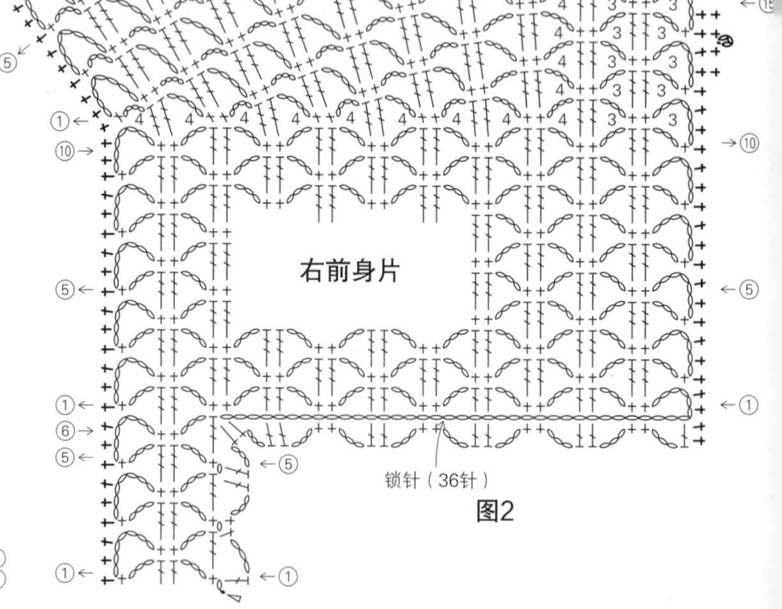

图2

编织花样

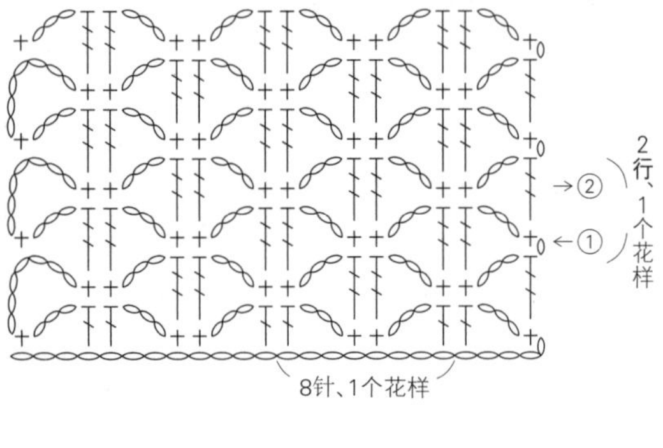

边缘编织（袖口）

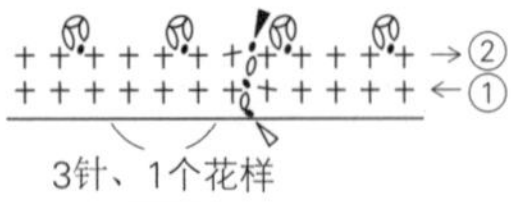

边缘编织（前门襟、领子）

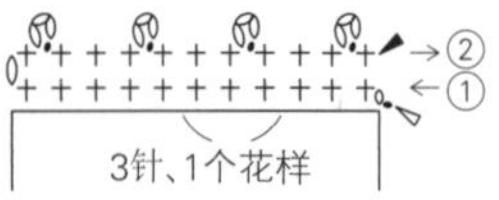

12

P18

●材料工具

用线 Wister Grace Merino Lame 灰色（26） M号…150g/4团 L号…170g/5团

纽扣 直径1.8cm…2颗

钩针 M号…5/0号 L号…6/0号

●成品尺寸 M号…胸围89cm，衣长37cm，连肩袖长32cm L号…胸围93cm，衣长39cm，连肩袖长33.5cm

●密度 10cm×10cm面积内：编织花样A、B均为：M号…23.5针，10行；L号…22.5针，9.5行

●编织要点

M号和L号的编织图相同，使用不同的针号钩织。

育克 从领窝钩织锁针起针，从锁针的半针和里山挑针开始钩织。按编织花样A分散加针钩织。钩织结束时休线备用。

后身片、前身片 从育克第19行的右袖数起的第78个针目里接线，按编织花样B钩织。后身片钩织4行后，右肋钩织锁针，越过袖窿在育克上引拔断线。左肋在袖子开口止位接线钩织锁针。前、后身片连起来钩织，编织结束时继续钩织边缘编织。

组合 下摆、前门襟、领子钩织1圈边缘编织。袖口也是环形钩织边缘编织。利用编织花样的空隙充当扣眼。在左前身片缝上纽扣。

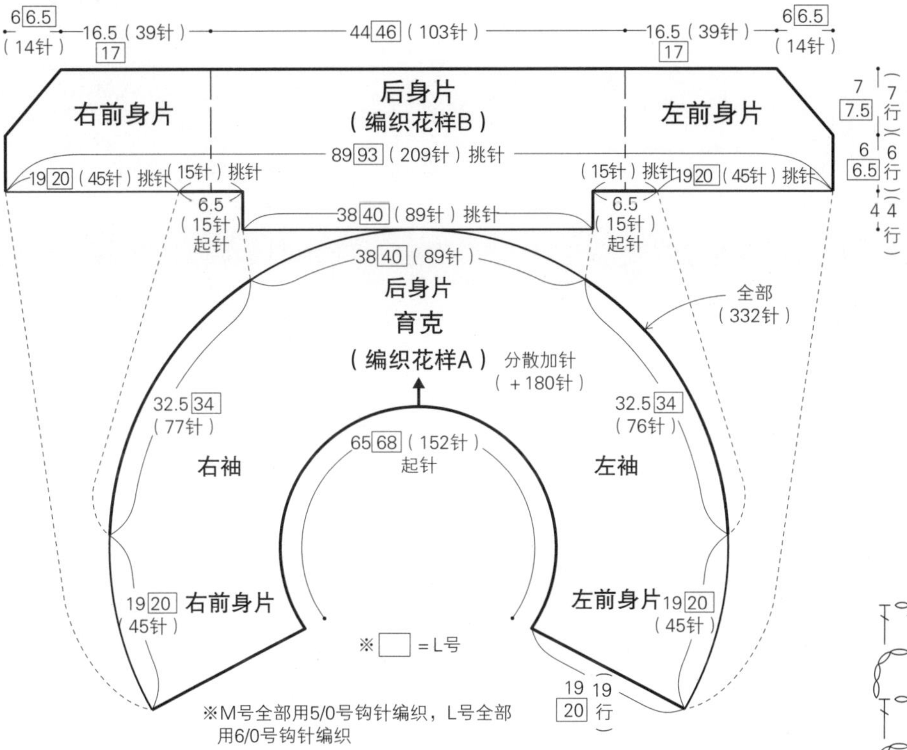

编织花样A

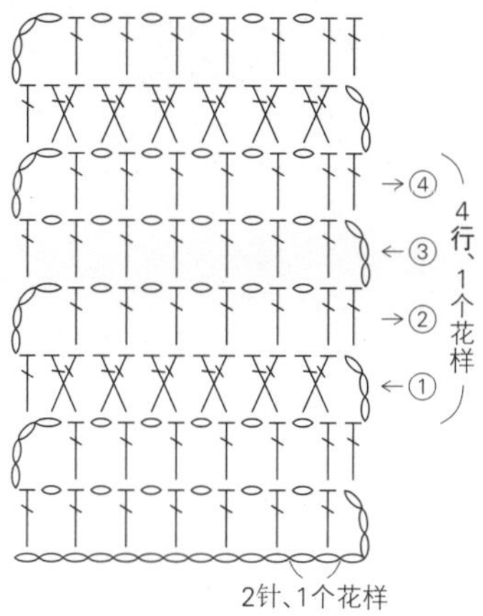

编织花样B

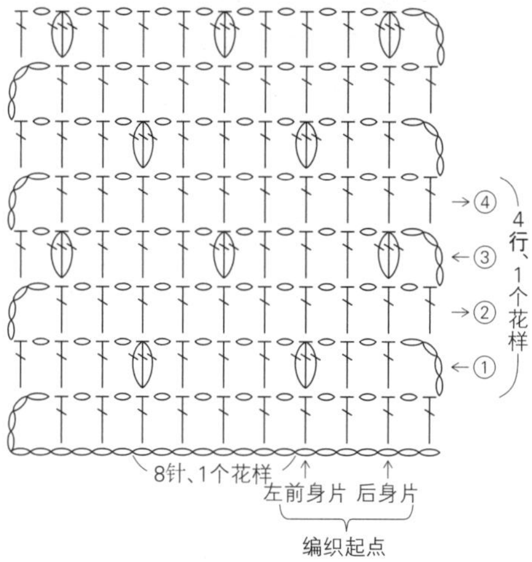

长针1针交叉

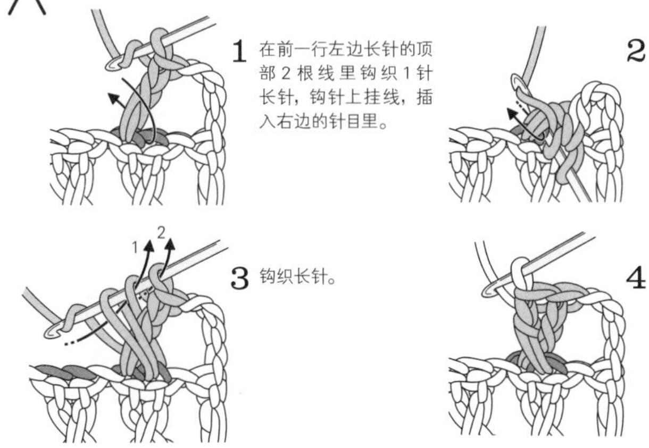

1 在前一行左边长针的顶部2根线里钩织1针长针，钩针上挂线，插入右边的针目里。

2 钩针上挂线并拉出，将步骤1中完成的针目包在里面。

3 钩织长针。

4 长针1针交叉完成。

下摆的编织方法

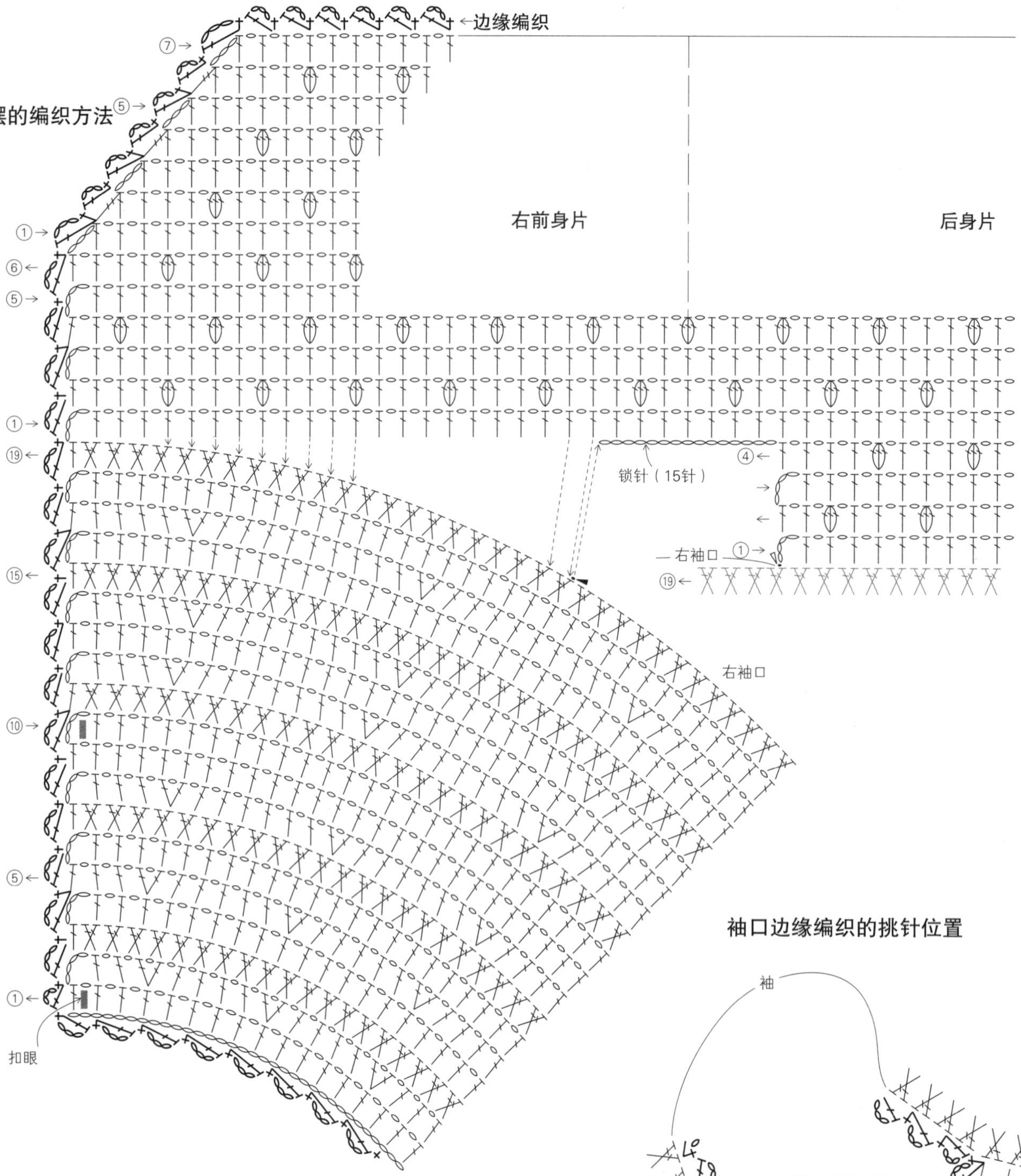

▻ = 接线
► = 剪线

袖口边缘编织的挑针位置

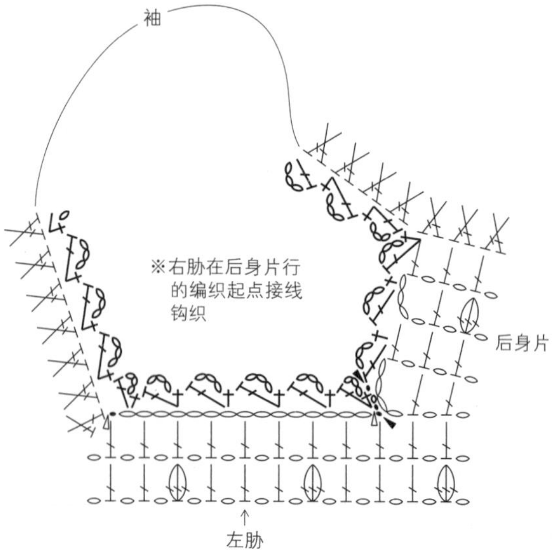

育克的分散加针和前领的编织方法

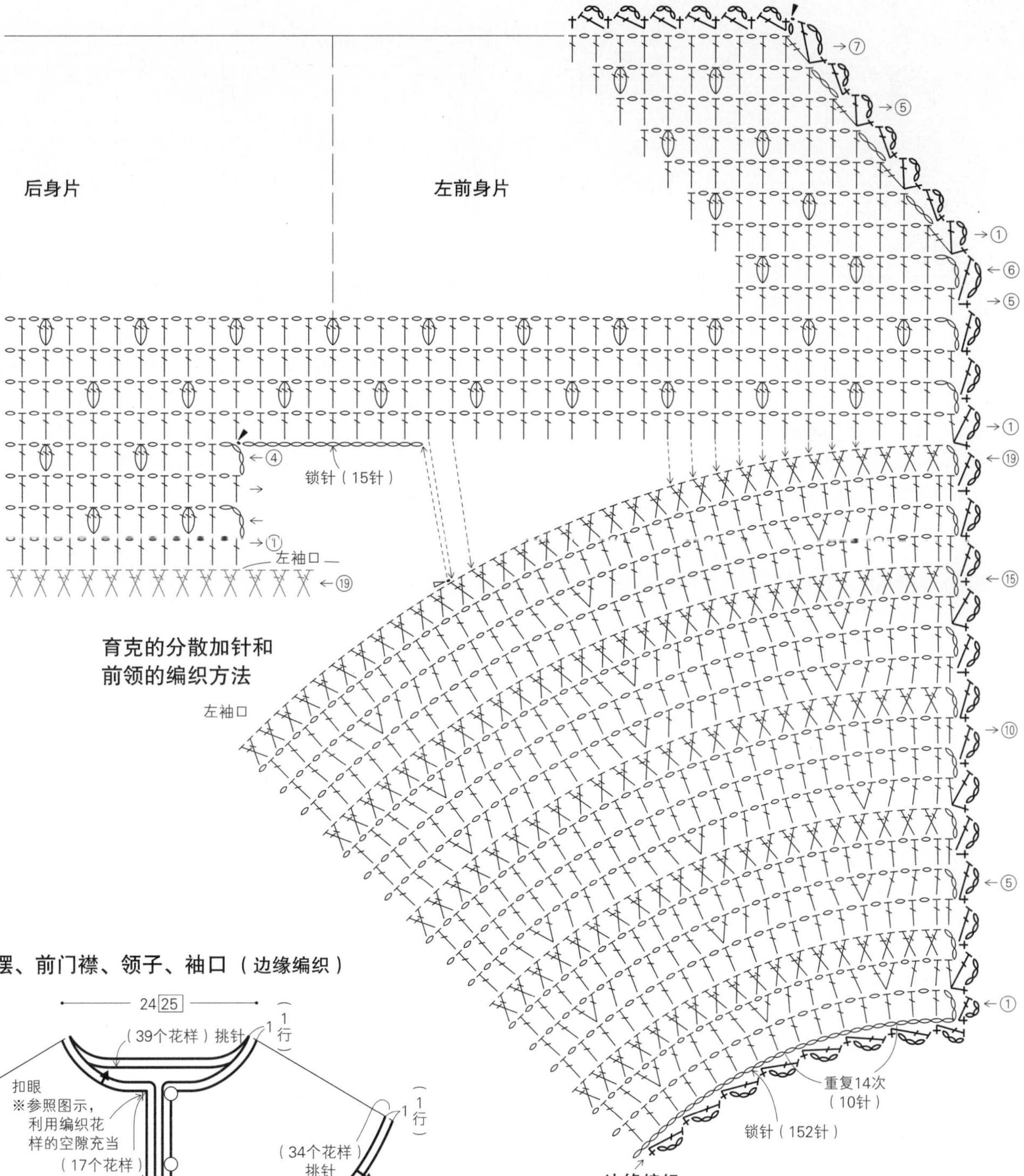

下摆、前门襟、领子、袖口（边缘编织）

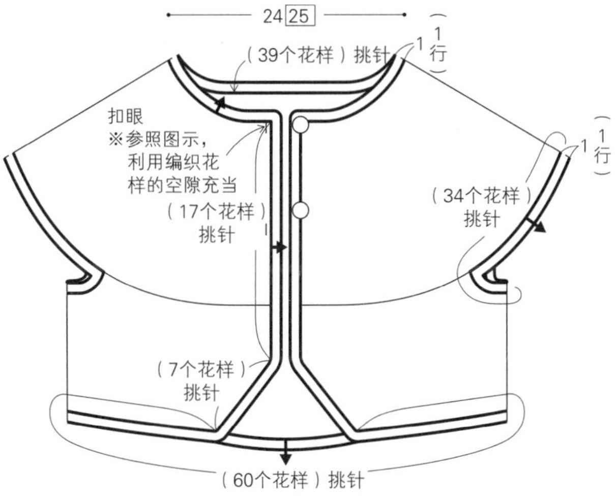

边缘编织

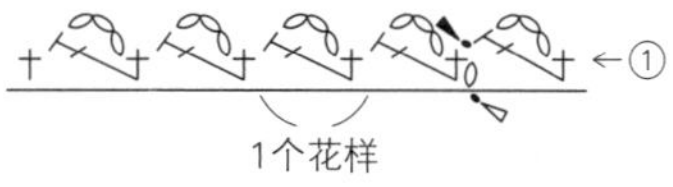

14

P21

●材料工具

用线 Wister Lady 浅咖啡色系深、浅段染(1) M号…190g/3团 L号…210g/3团

纽扣 直径1.8cm…2颗

钩针 8/0号

●成品尺寸 M号…胸围95cm，肩背宽37cm，衣长54.5cm L号…胸围99cm，肩背宽37cm，衣长57cm

●密度 10cm×10cm面积内：编织花样15针，6行

●编织要点

下摆 在后身片位置钩织锁针起针，从锁针的半针和里山挑针开始钩织编织花样。参照图1，前身片下摆呈半圆形展开。前、后身片的下摆连起来钩织。

前、后身片 从下摆成束挑针，连起来钩织前、后身片。从袖窿处开始，按左前身片、后身片、右前身片的顺序，参照图2、图3钩织。M号和L号在胁处调整1个花样。

组合 将后身片和前身片的肩部正面相对，用引拔针和锁针接合。在左后下摆接线，下摆、前门襟、领子环形做边缘编织。袖口也是环形做边缘编织。利用边缘编织针目之间的空隙充当扣眼。在左前身片缝上纽扣。

M号

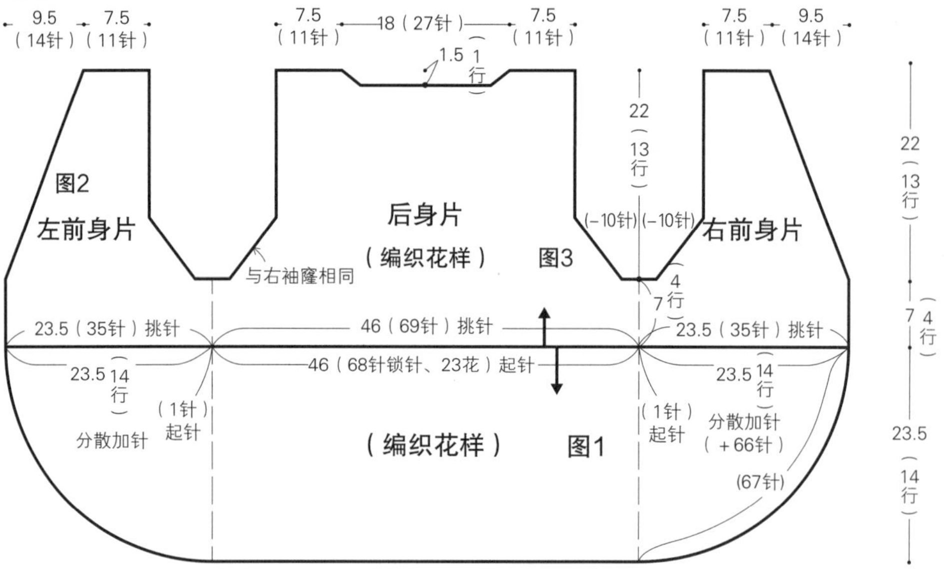

※全部使用810号钩针编织

※花=个花样

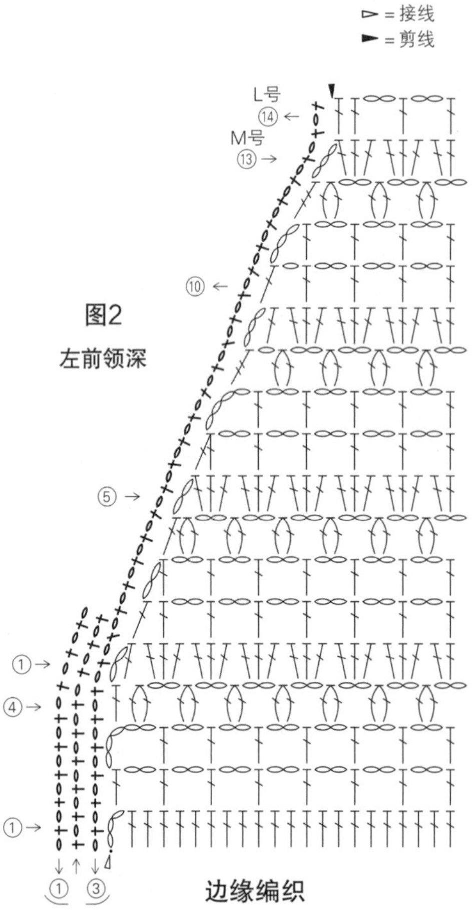

图2

左前领深

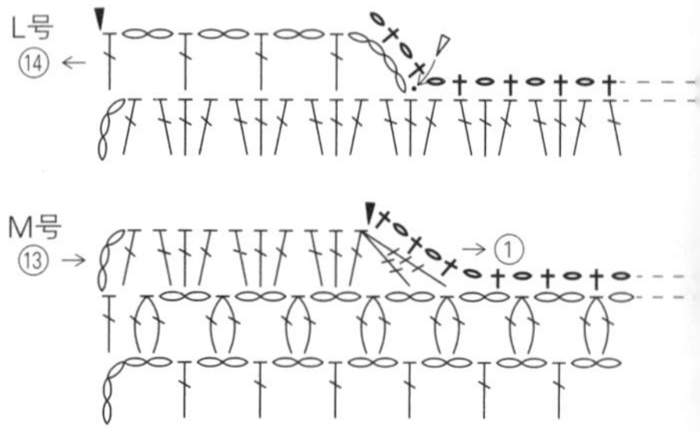

下摆、前门襟、领子、袖口(边缘编织)

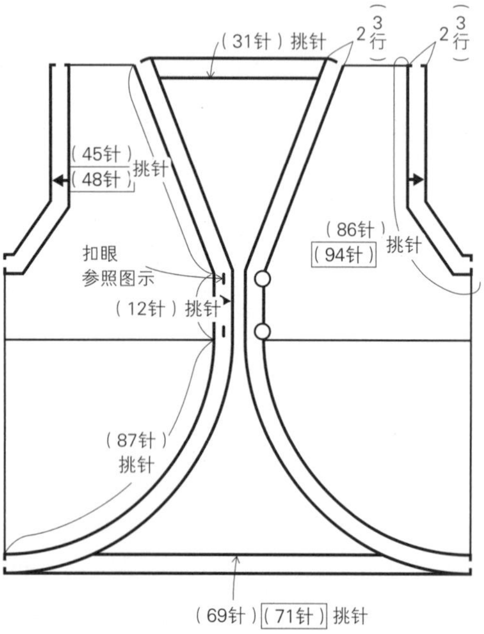

边缘编织

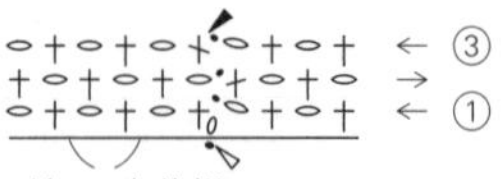

※□ = L号 ※利用编织花样的空隙充当扣眼

L号

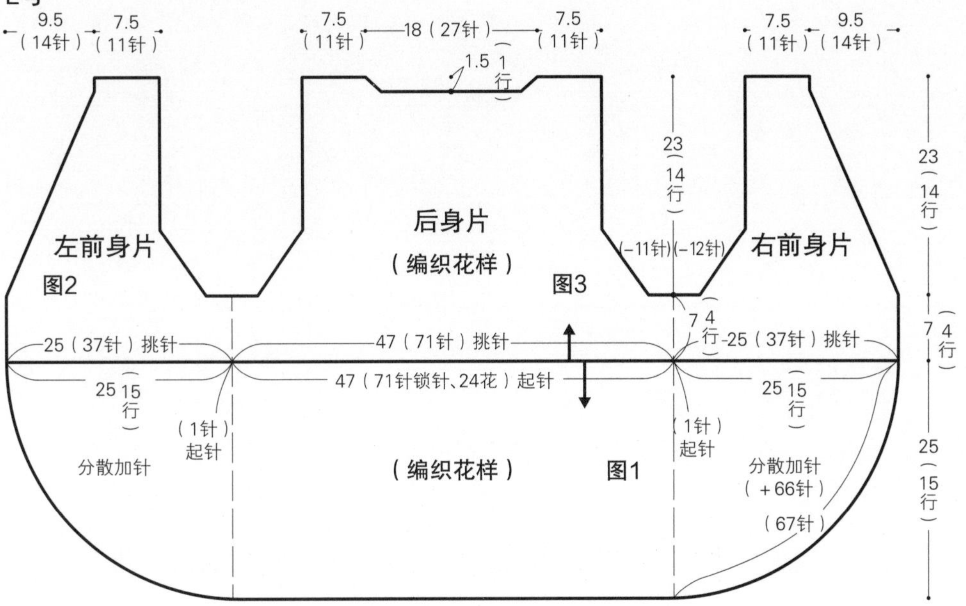
9.5 (14针)
7.5 (11针)
7.5 (11针)
18 (27针)
7.5 (11针)
1.5 1行
7.5 (11针)
9.5 (14针)
23 (14行)
23 (14行)
左前身片
图2
后身片
(编织花样)
图3
(-11针)(-12针)
右前身片
7 (4行)
7 (4行)
25 (37针) 挑针
47 (71针) 挑针
25 (37针) 挑针
25 (15行)
47 (71针锁针、24花) 起针
25 (15行)
(1针) 起针
(1针) 起针
分散加针
(编织花样)
图1
分散加针 (+66针)
(67针)
25 (15行)

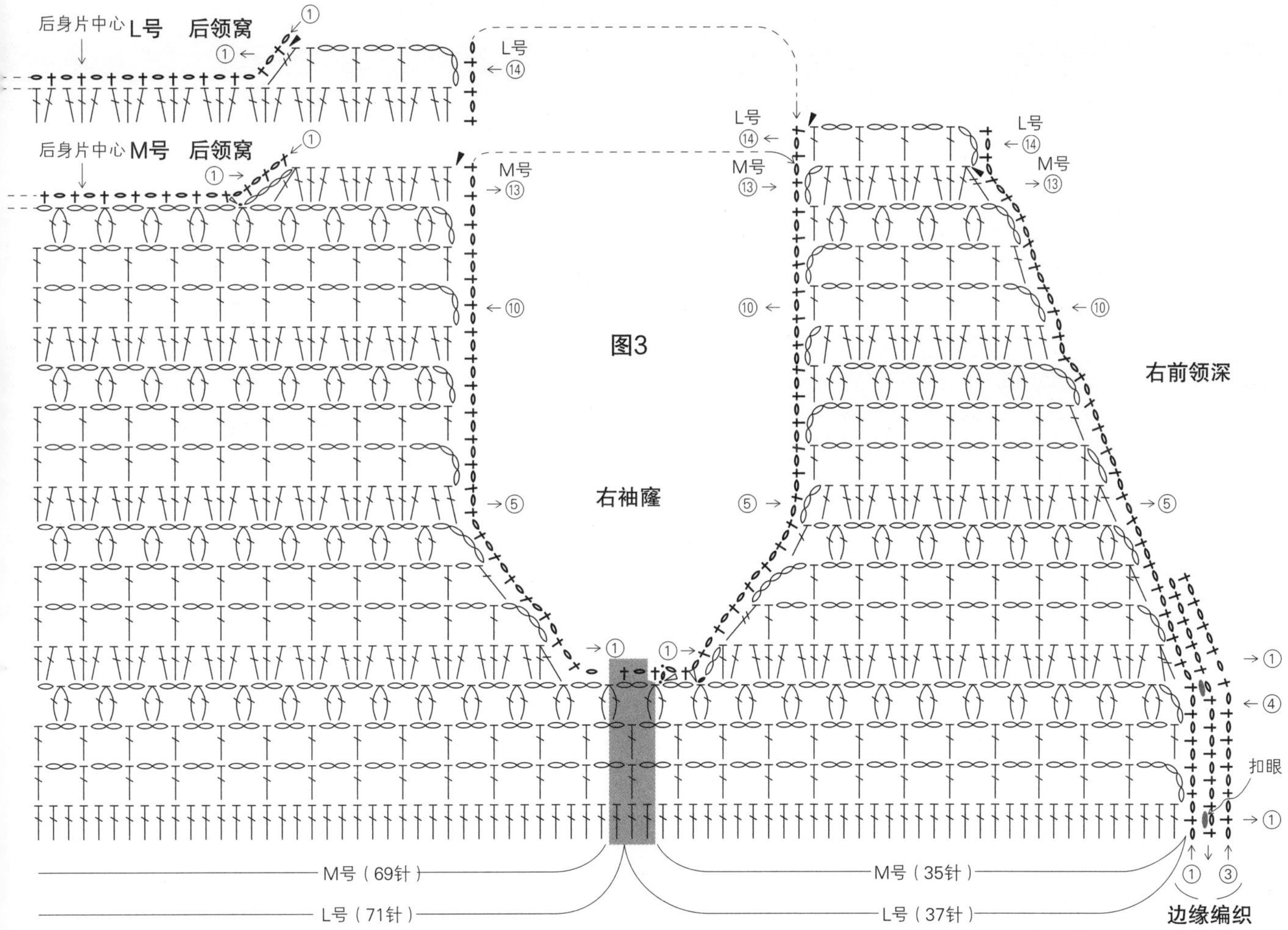
后身片中心 L号 后领窝
L号
后身片中心 M号 后领窝
M号
L号
M号
L号
M号
图3
右前领深
右袖窿
扣眼
M号 (69针)
L号 (71针)
M号 (35针)
L号 (37针)
边缘编织

※M号■部分不钩织

编织花样

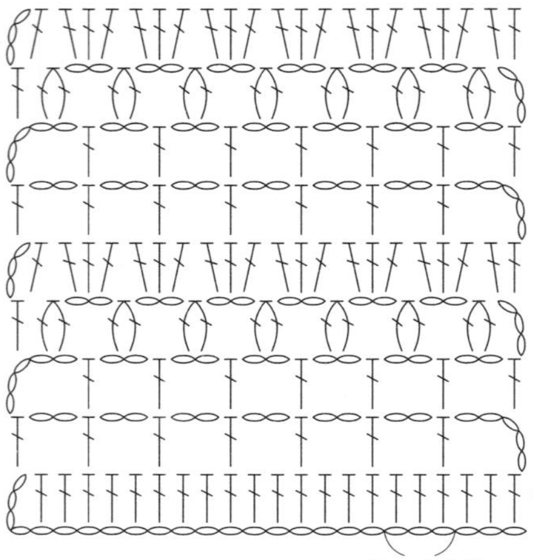

长长针

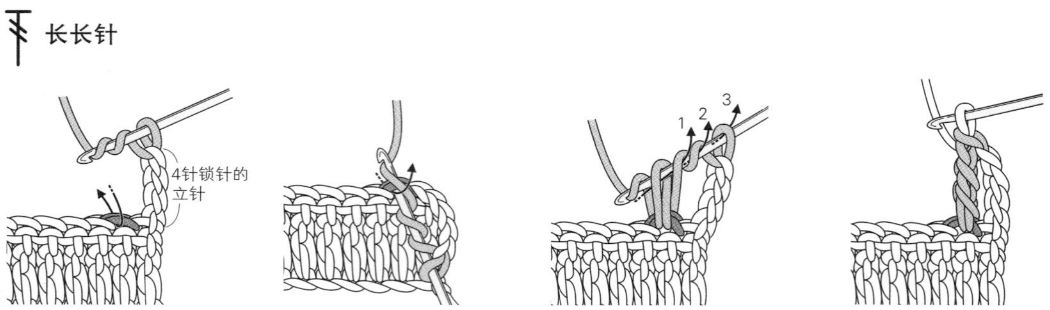

1 钩针上绕 2 圈，如箭头所示，将钩针插入前一行针目的顶部 2 根线中。

2 钩针上挂线，如箭头所示将线拉出。

3 钩针上挂线，一次从针头上的 2 个线圈（重复 2 次）中拉出，再一次引拔穿过剩下的 2 个线圈。

4 长长针完成。重复步骤 1~3 继续钩织。

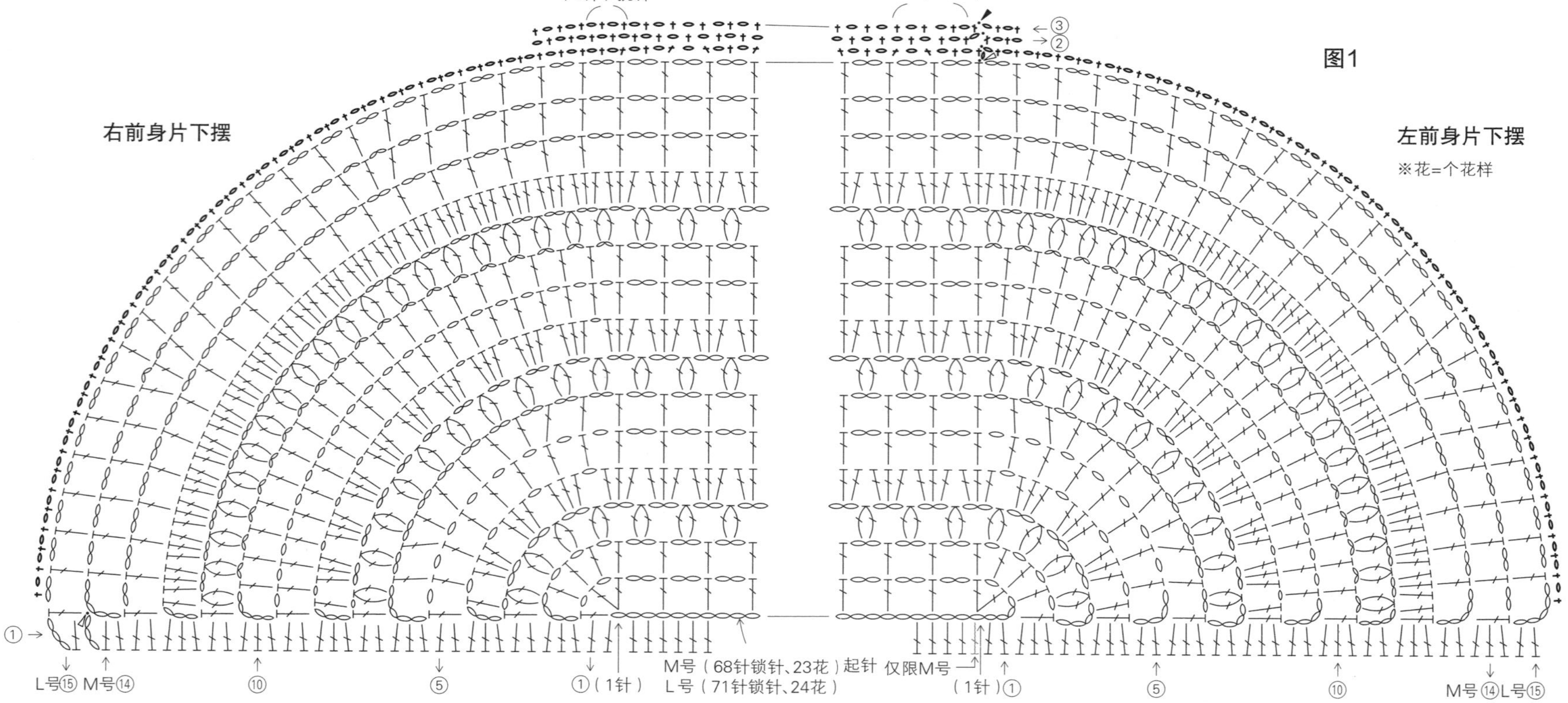

16

P24

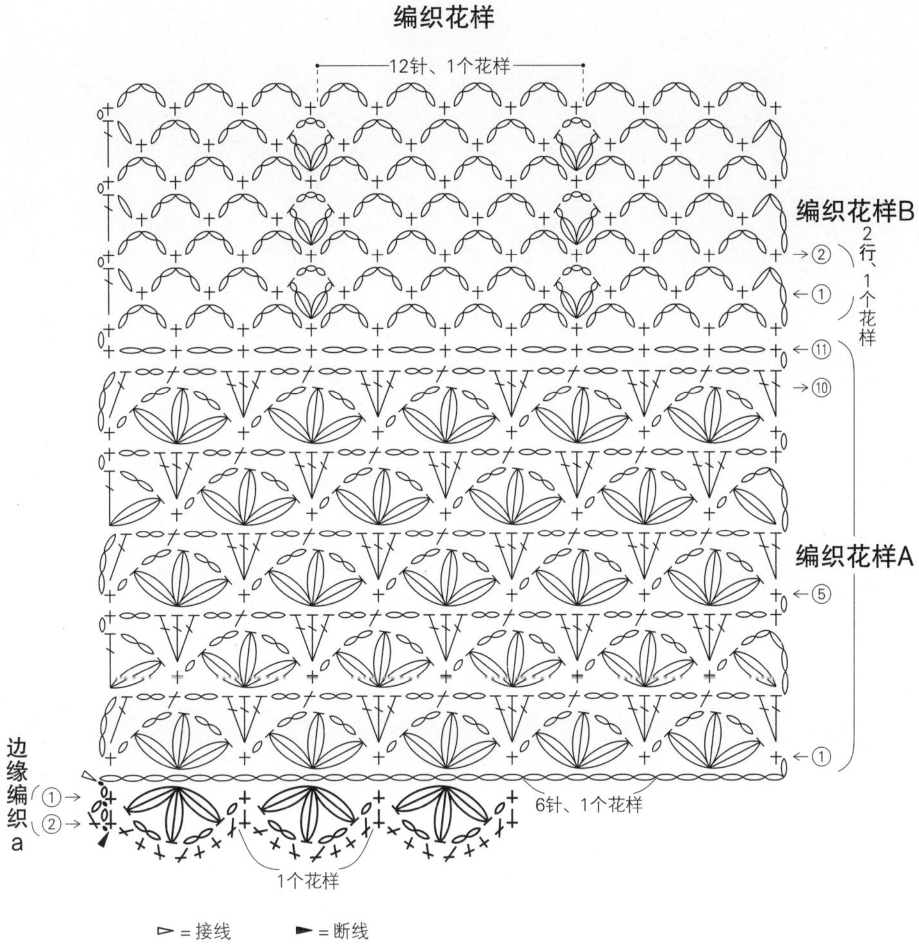

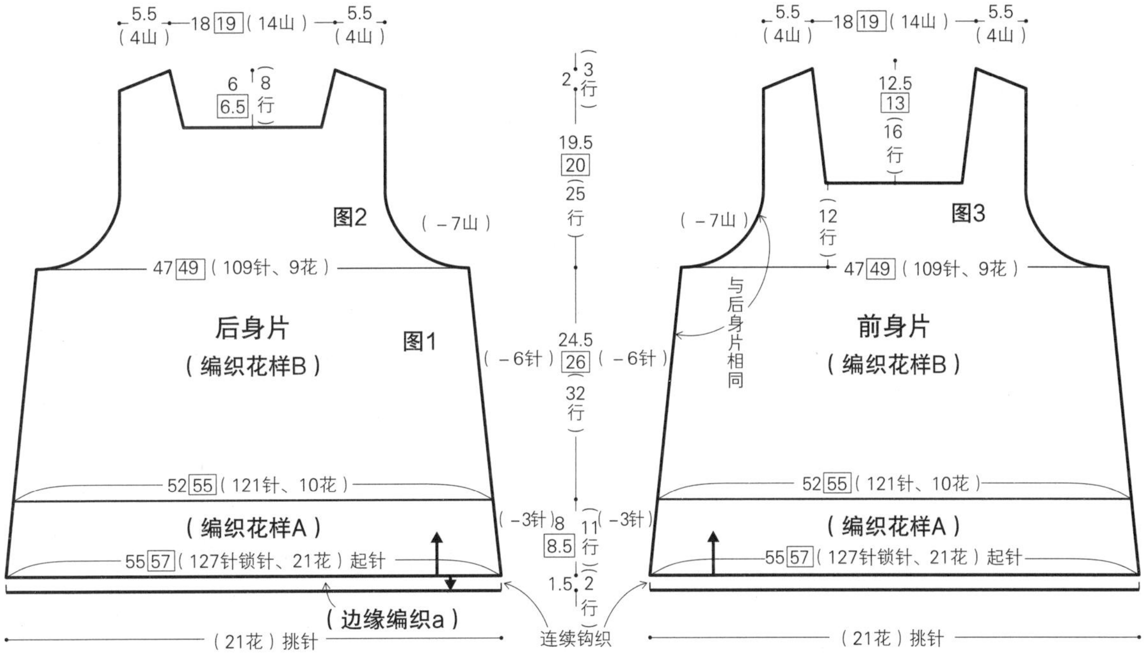

※M号全部用5/0号钩针编织，L号全部用6/0号钩针编织

※□=L号 ※花=个花样

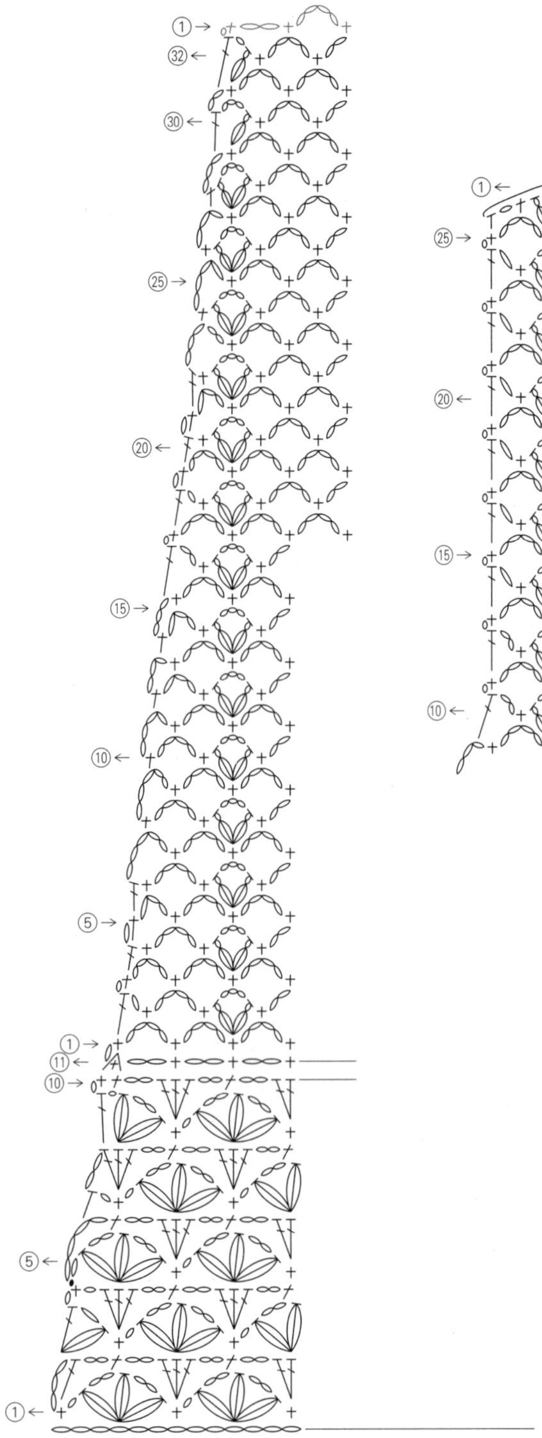

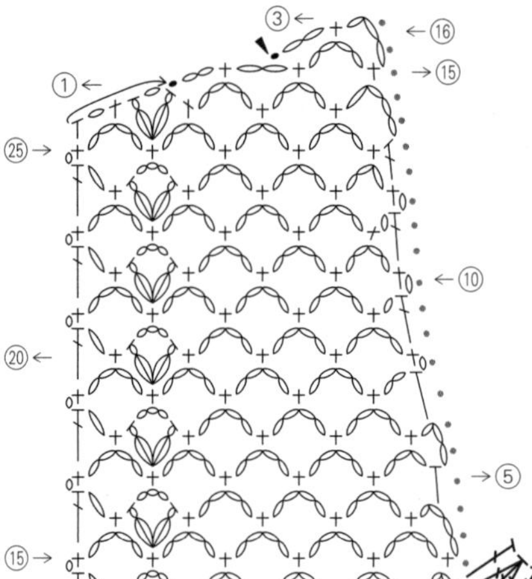

领子、袖口（边缘编织b）

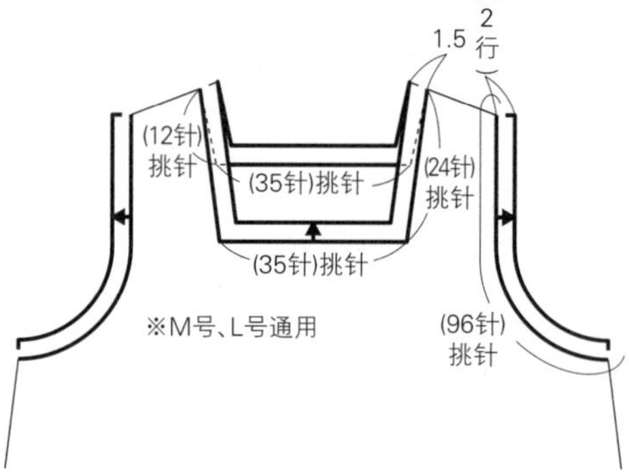

边缘编织b

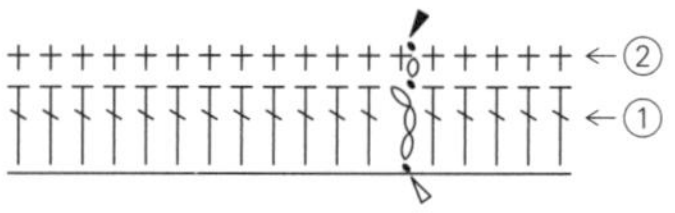

= 渡线
= 接线
= 断线
• = 边缘编织b的挑针位置

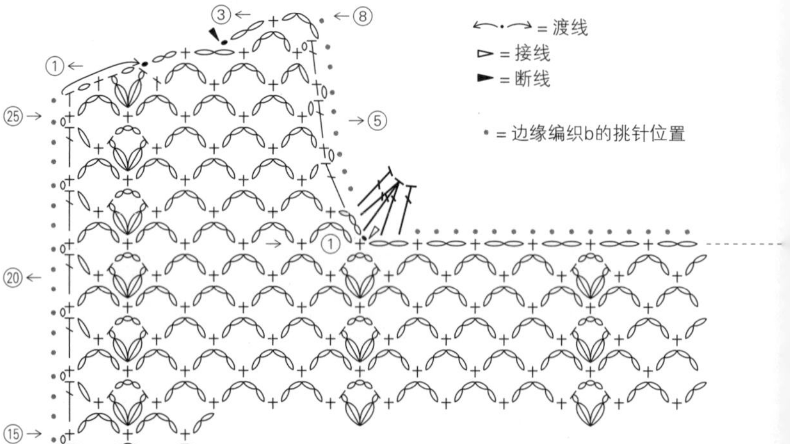

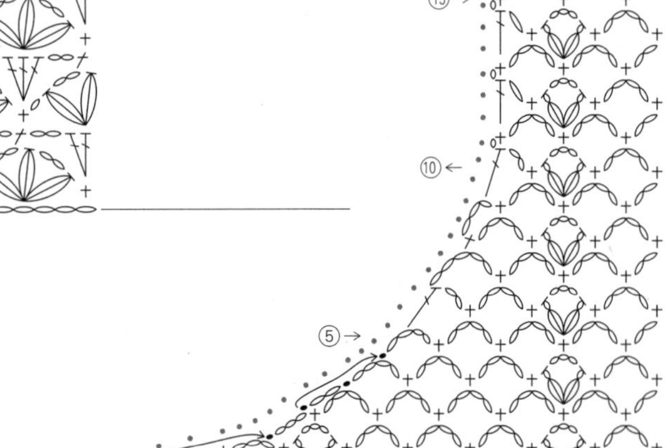

●材料工具

用线　Wister Grace Merino　深蓝色（11）
M号…245g/7团　L号…270g/7团
钩针　M号…5/0号　L号…6/0号

●成品尺寸　M号…胸围94cm，肩背宽32cm，衣长55.5cm　L号…胸围98cm，肩背宽33cm，衣长58cm

●密度　10cm×10cm面积内：编织花样B
M号…23针，13行；　L号…22针，12.5行

领子转角处的编织方法

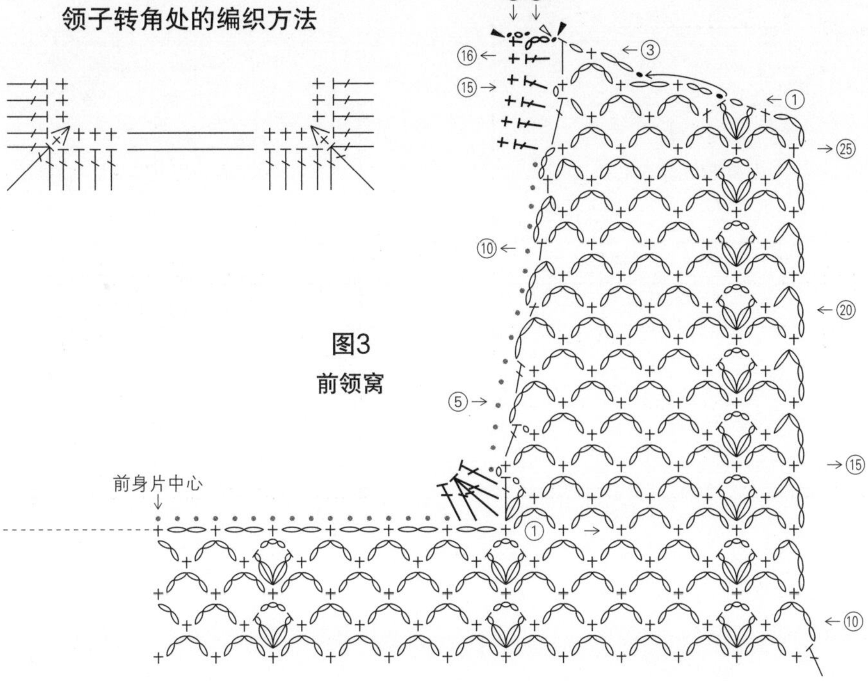

图3
前领窝

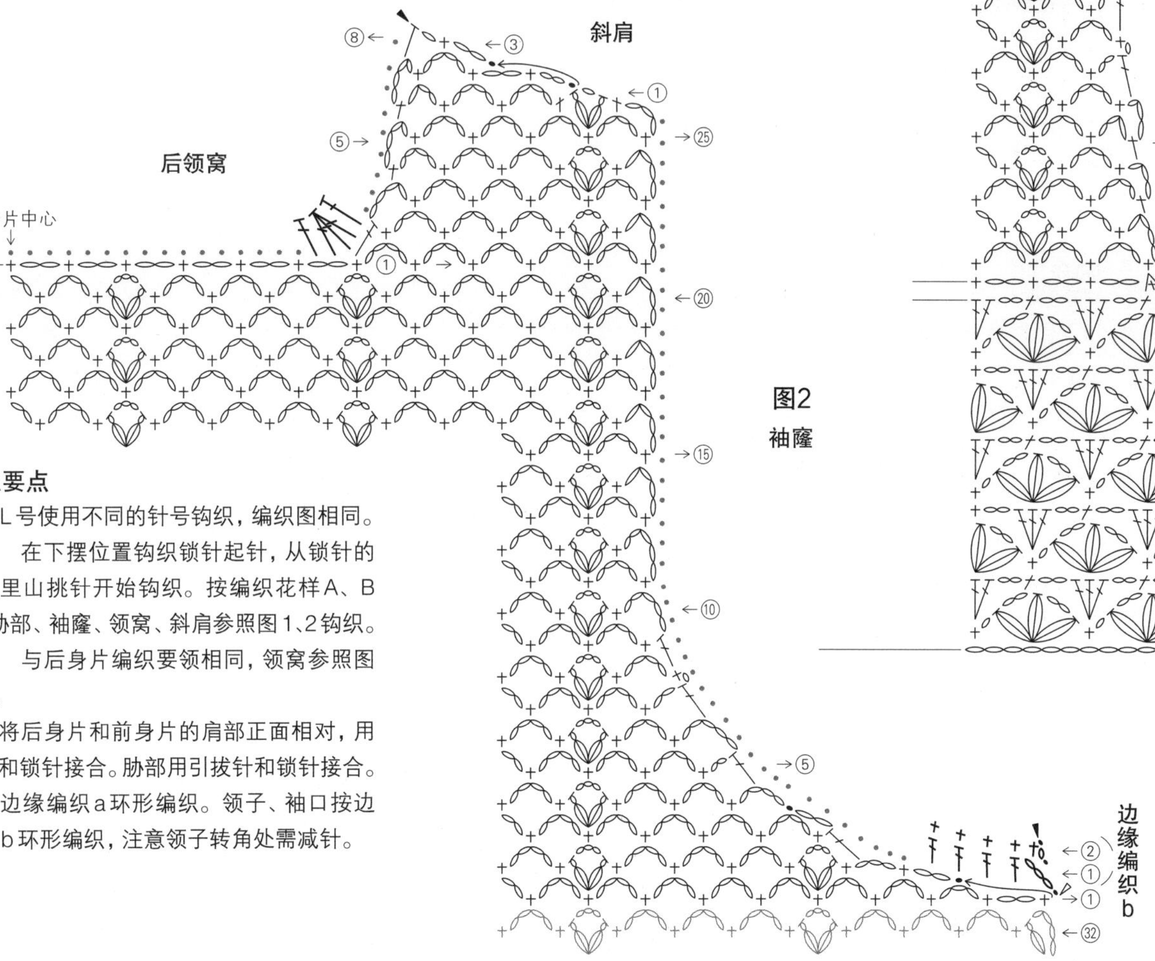

图2
袖窿

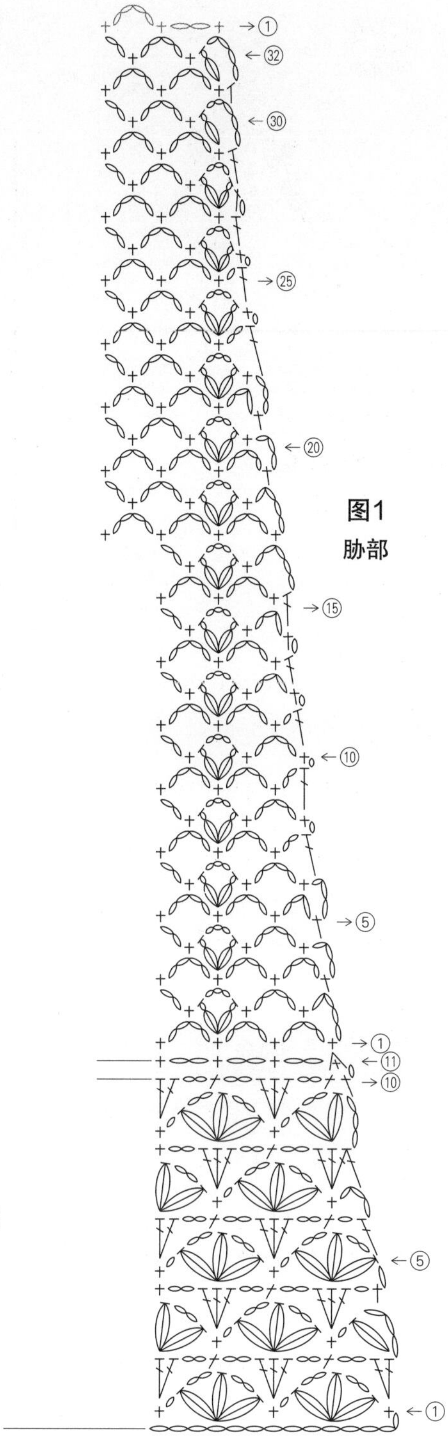

图1
胁部

●编织要点

M号和L号使用不同的针号钩织，编织图相同。

后身片　在下摆位置钩织锁针起针，从锁针的半针和里山挑针开始钩织。按编织花样A、B钩织。胁部、袖窿、领窝、斜肩参照图1、2钩织。

前身片　与后身片编织要领相同，领窝参照图3钩织。

组合　将后身片和前身片的肩部正面相对，用引拔针和锁针接合。胁部用引拔针和锁针接合。下摆按边缘编织a环形编织。领子、袖口按边缘编织b环形编织，注意领子转角处需减针。

P22、23

●材料工具

用线　M号…Wister Grace Merino Lame 浅驼色（21），210g/6团

L号…Wister Grace Merino 灰色（12），270g/7团

钩针　6/0号

●成品尺寸　M号…胸围96cm，衣长57cm，连肩袖长25cm　L号…胸围108cm，衣长60cm，连肩袖长28cm

●密度　10cm×10cm面积内：编织花样A、C均为20针，10行

●编织要点

后身片　在腰部钩织锁针起针，从锁针的半针和里山挑针开始钩织。按编织花样A钩织，在袖子开口止位做好对齐标记。斜肩和领窝参照图1（L号参照图4）钩织。参照图2从起针的锁针挑针，按编织花样B、C钩织下摆一侧。

前身片　与后身片编织要领相同，领窝参照图3（L号参照图5）钩织。

组合　将后身片和前身片的肩部正面相对，用引拔针和锁针接合。胁部用引拔针和锁针接合。下摆、领子、袖口按编织花样B' 环形编织。

M号

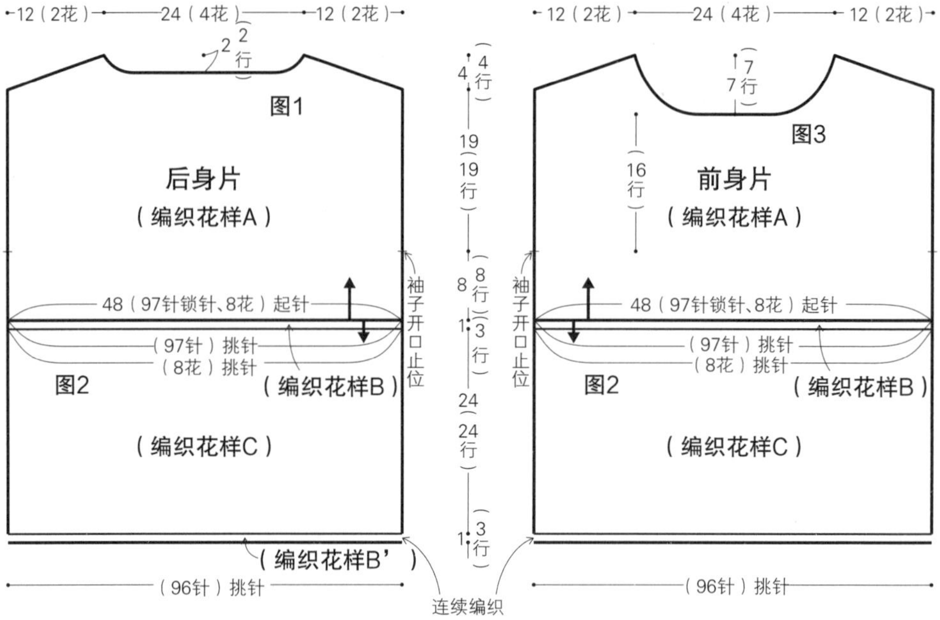

※全部用6/0号钩针编织

※花＝个花样

编织花样B'

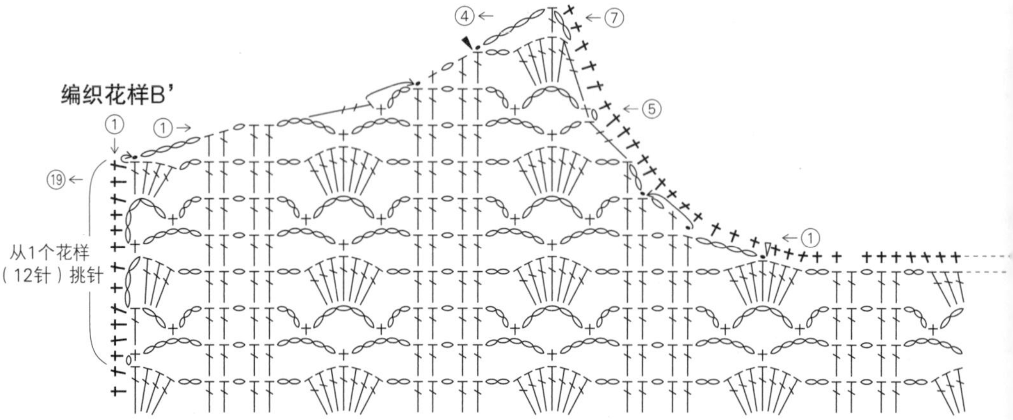

编织花样B'

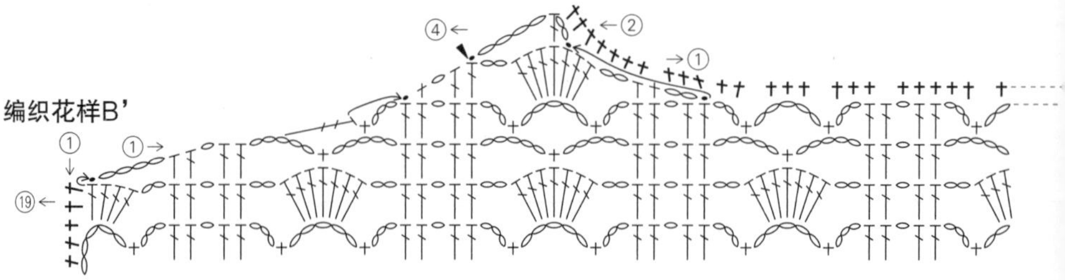

编织花样A

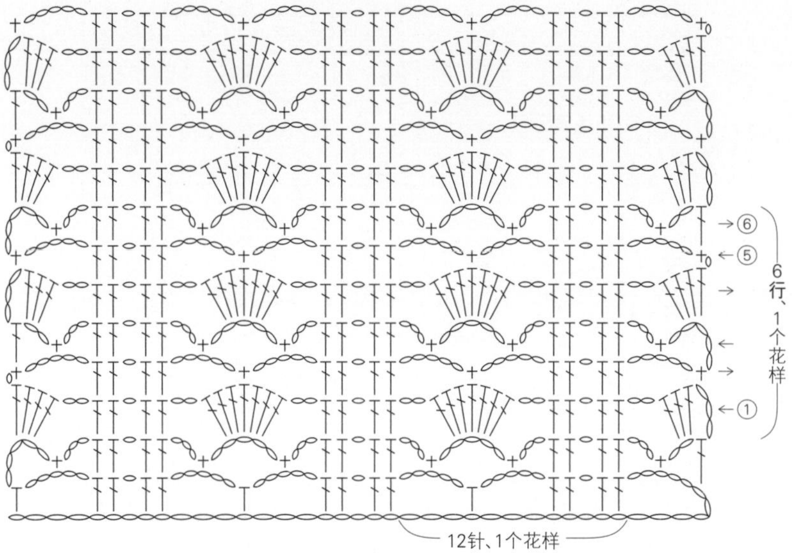

领子、袖口（编织花样B'）

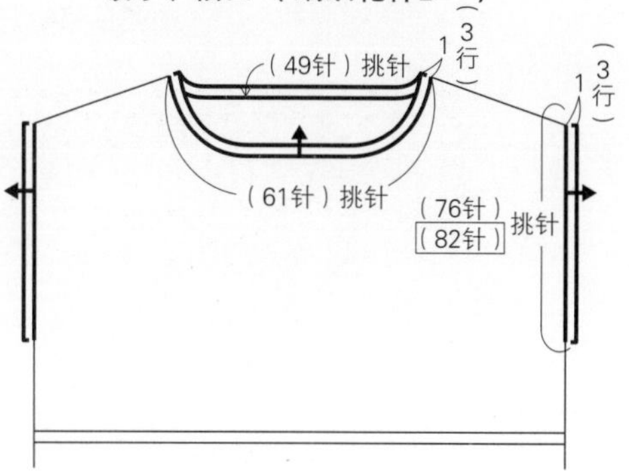

※ ☐ = L号

编织花样C

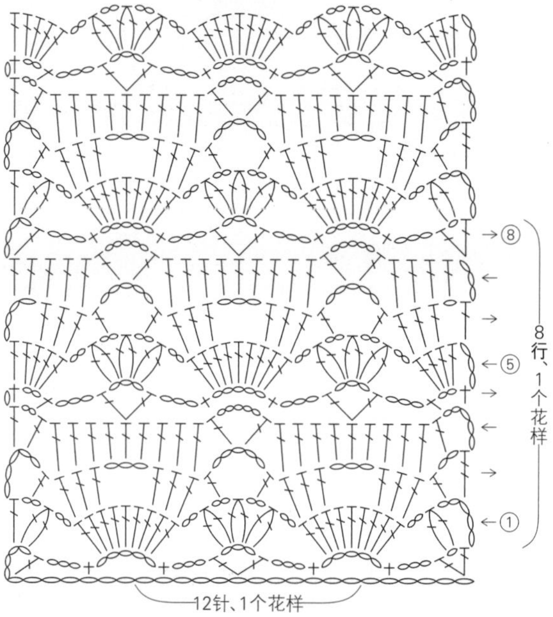

编织花样B'

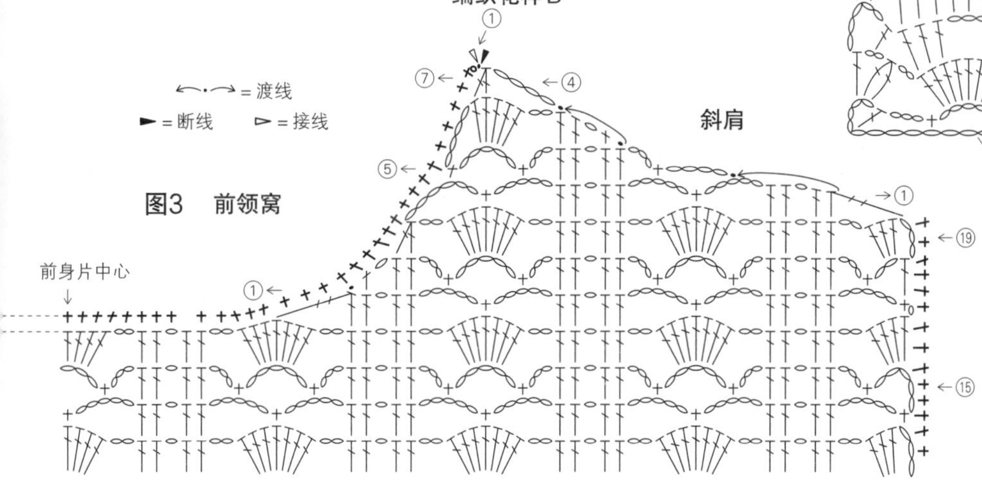

编织花样B'

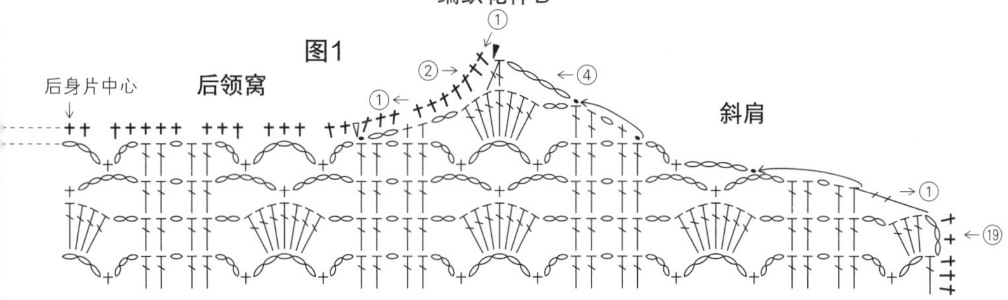

图2 编织花样A、B、C的切换和编织花样B'

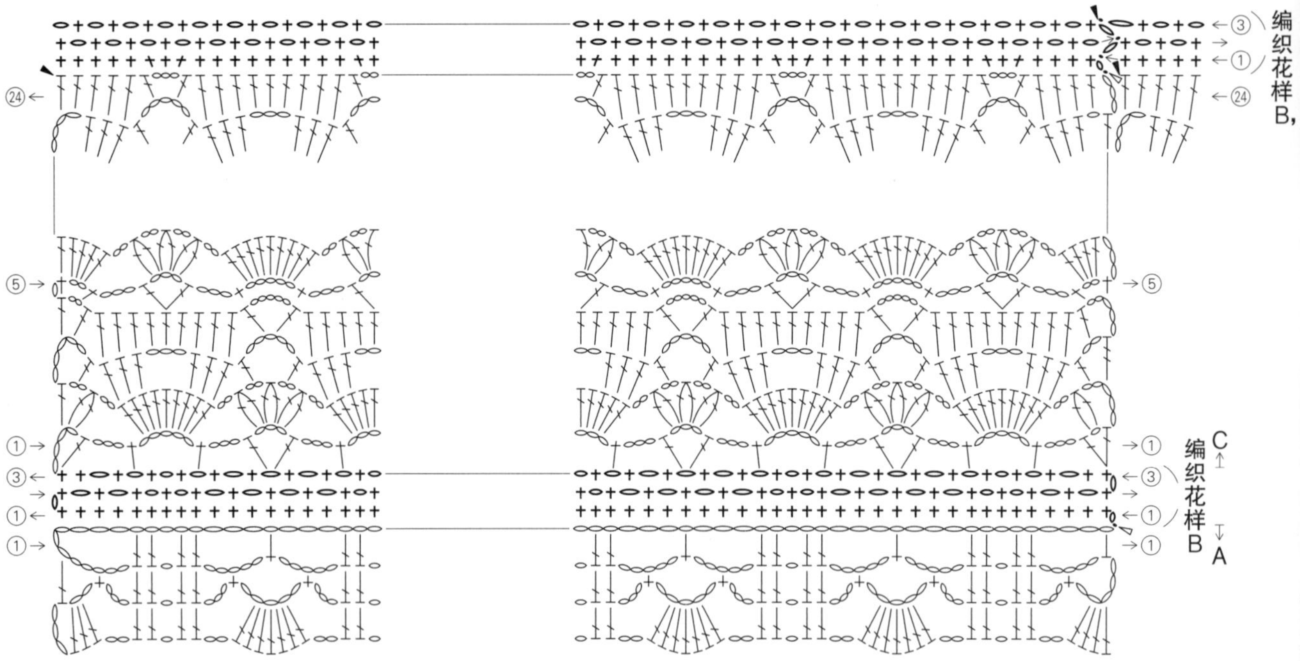

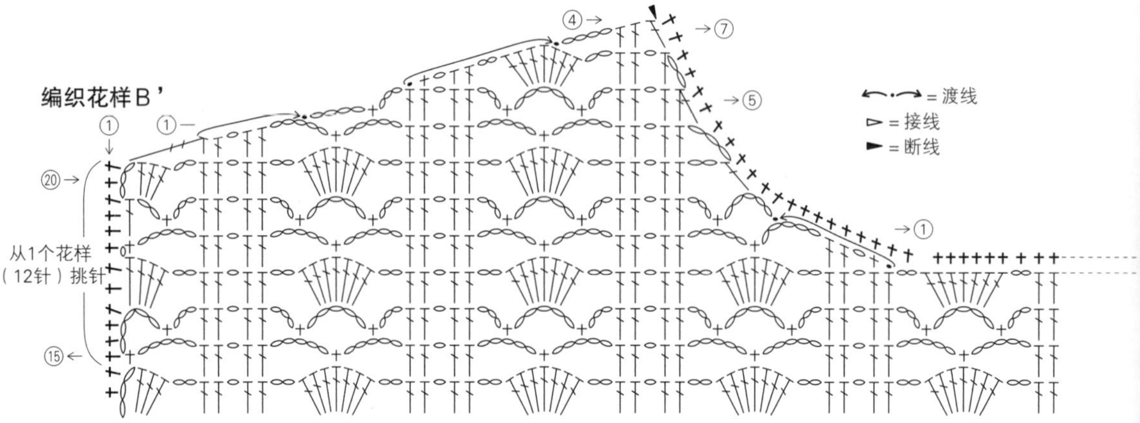

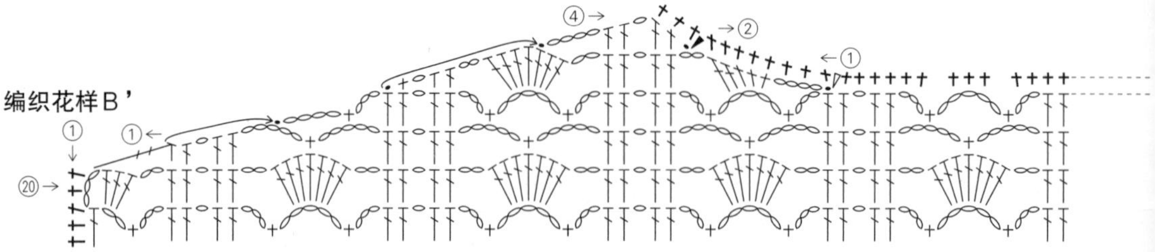

L号

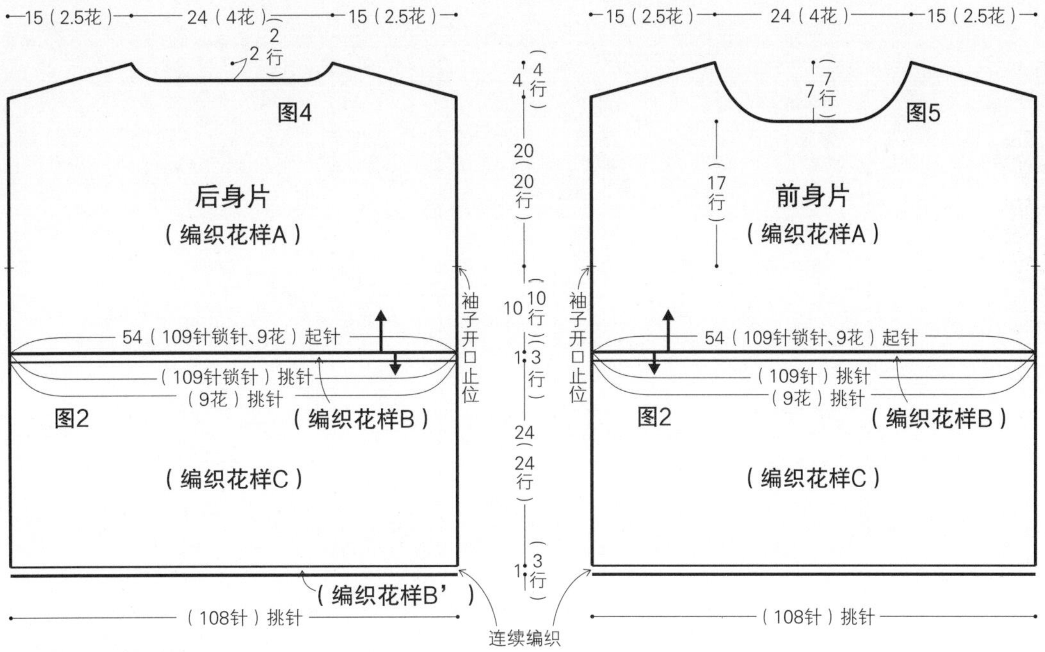

※全部用6/0号钩针编织
※花＝个花样

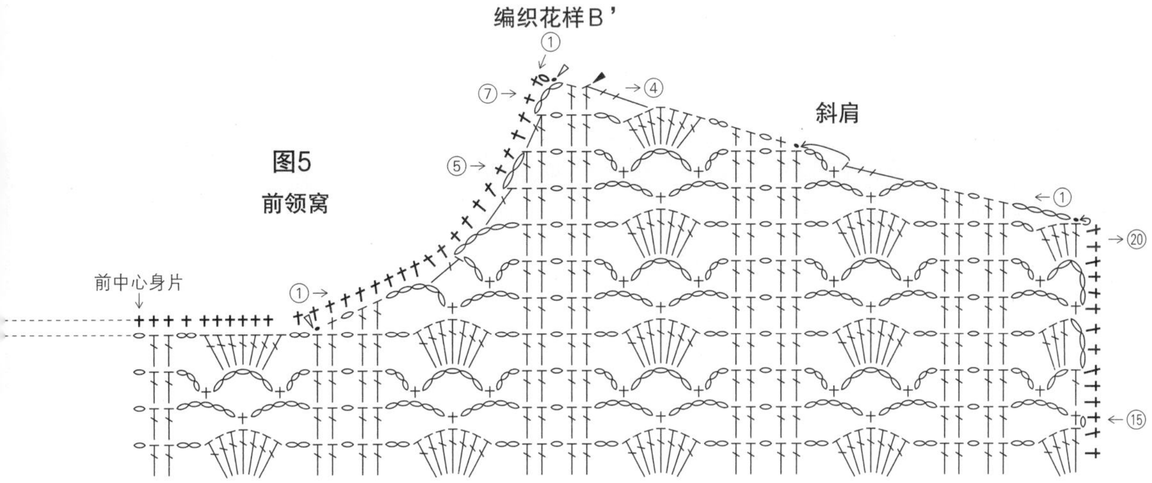

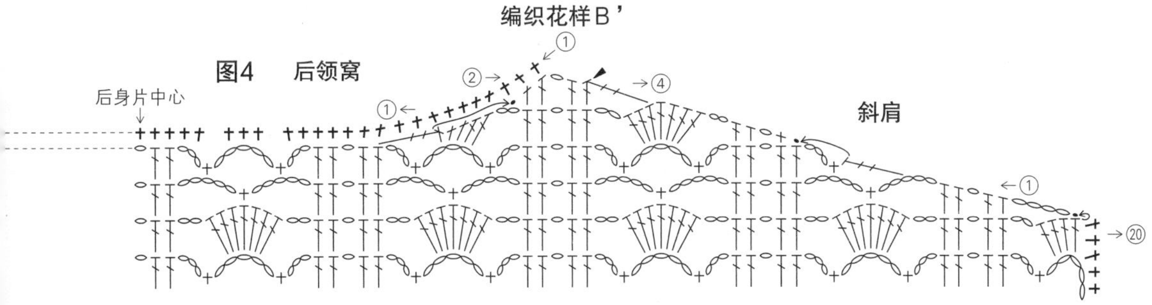

17

P25

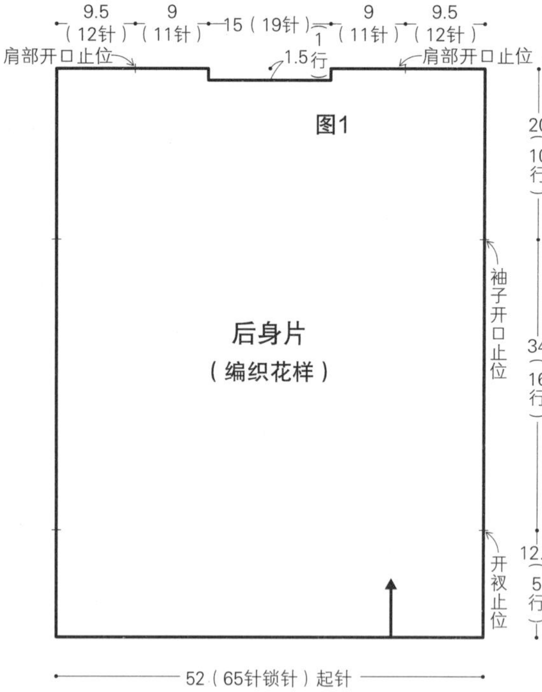

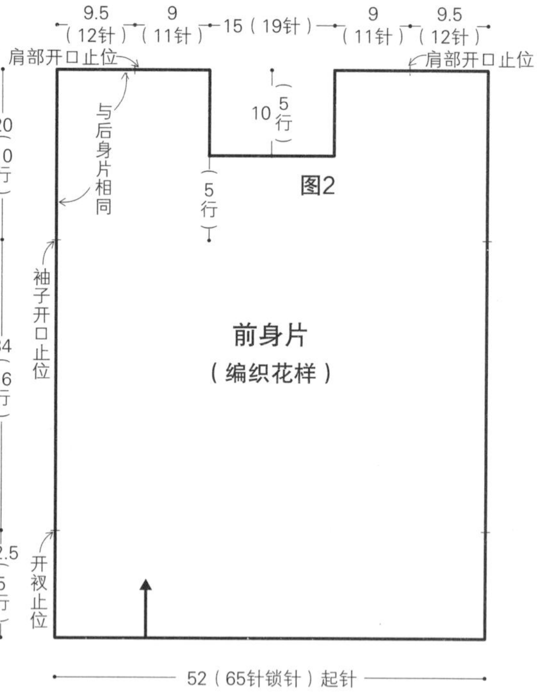

※全部用10/0号钩针编织

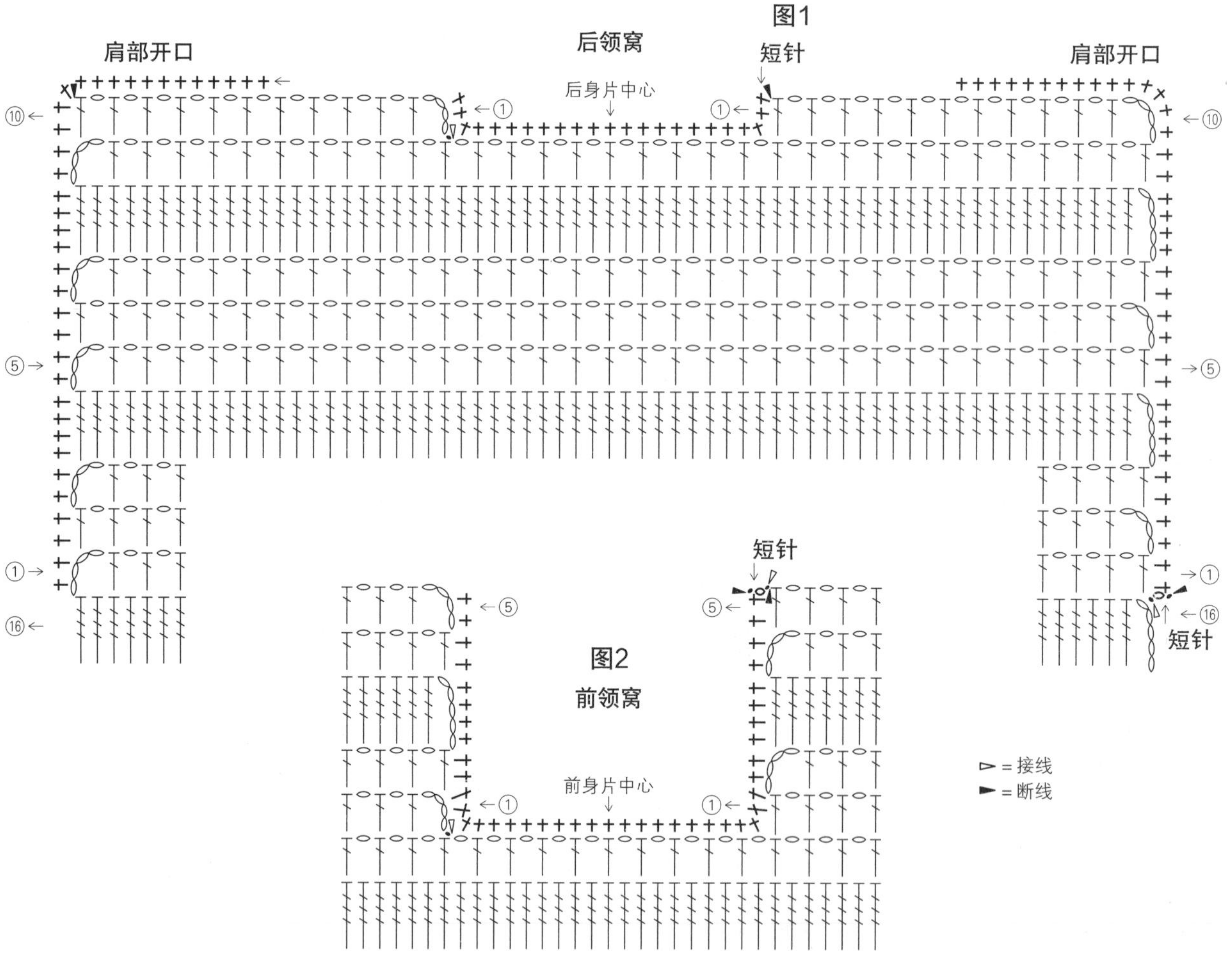

●**材料工具**

用线 Wister Colorista 蓝色（124）280g/7团

钩针 10/0号

●**成品尺寸** 胸围104cm，衣长66.5cm，连肩袖长26.5cm

●**密度** 编织花样10cm内12.5针，1个花样8.5cm（3卷长针4cm，长针1.5cm）

●**编织要点**

后身片 在下摆位置钩织锁针起针，从锁针的里山挑针开始钩织。按编织花样钩织，在下摆开衩、袖子、肩部的开口止位做好对齐标记。领窝参照图1钩织。

前身片 与后身片编织要领相同，领窝参照图2钩织。

组合 将后身片和前身片的肩部正面对齐后做卷针缝合至肩部开口止位。胁部用引拔针和锁针接合。下摆开衩、领子、袖口、肩部开口处钩织1行短针。

编织花样

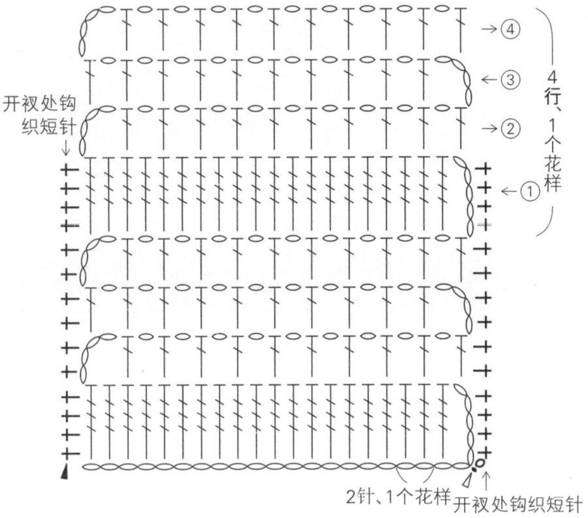

下摆开衩、领子、袖口、肩部开口（短针）

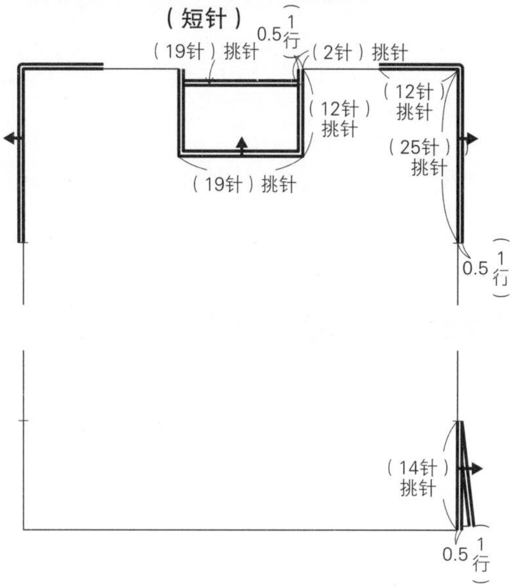

3针锁针的狗牙拉针

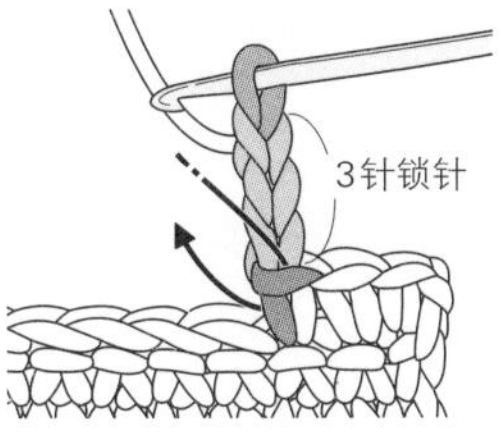

1 钩织3针锁针，如箭头所示将钩针插入短针顶部的前面1根线和尾部的1根线中。

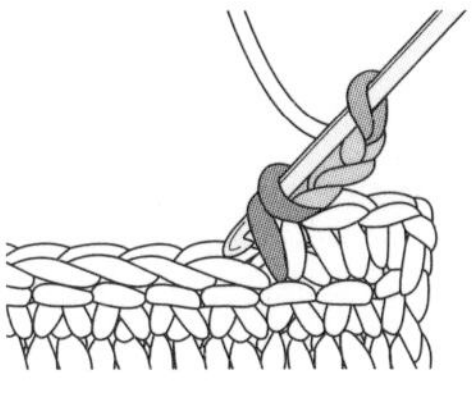

2 插入钩针后的状态。

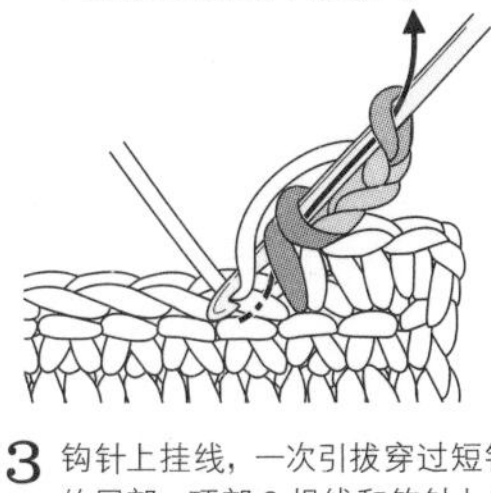

3 钩针上挂线，一次引拔穿过短针的尾部、顶部2根线和钩针上的针目。

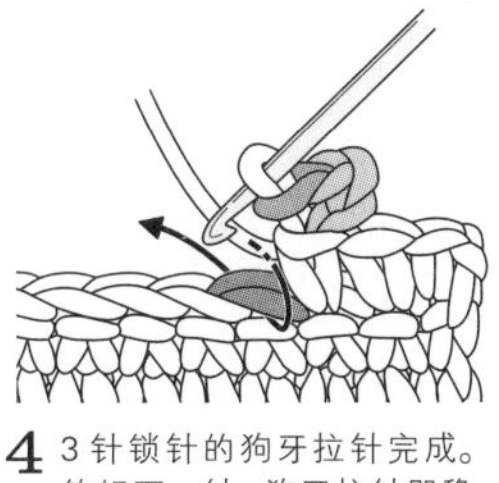

4 3针锁针的狗牙拉针完成。钩织下一针，狗牙拉针即稳定下来。

20 接P87

前门襟、领子、袖口（边缘编织）参照图示

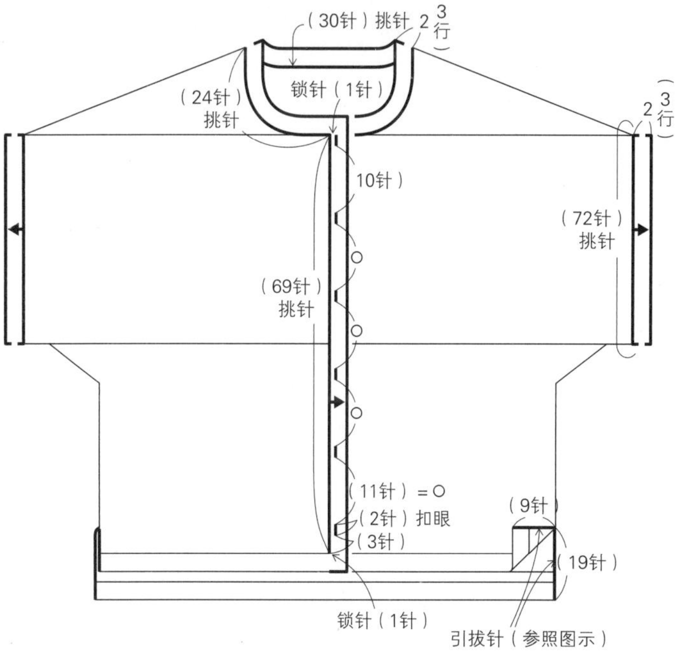

21

P30

●材料工具

用线 Wister Sylphide Mohair 紫红色(34) 80g/3团

钩针 6/0号

●成品尺寸 长137cm，宽17cm

●花片尺寸 直径12cm

●编织要点

花片 在中心位置钩织锁针起针后引拔成环，参照符号图钩织。从第2片花片开始，在第5圈长针的中间1针长针与第1片花片长针的中间1针连接。连接的方法：将钩针从中间长针针目上暂时取下，插入第1片花片长针的头部，再将之前取下的针目拉出，钩织长针。

组合 在第2片花片的指定位置接线，环形钩织3圈边缘编织。

花片

围巾 (花片连接)

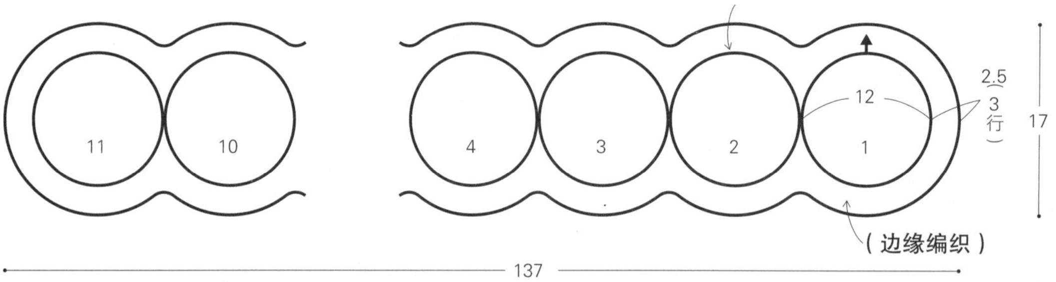

花片 11片

※全部用6/0号钩针编织

花片的连接方法

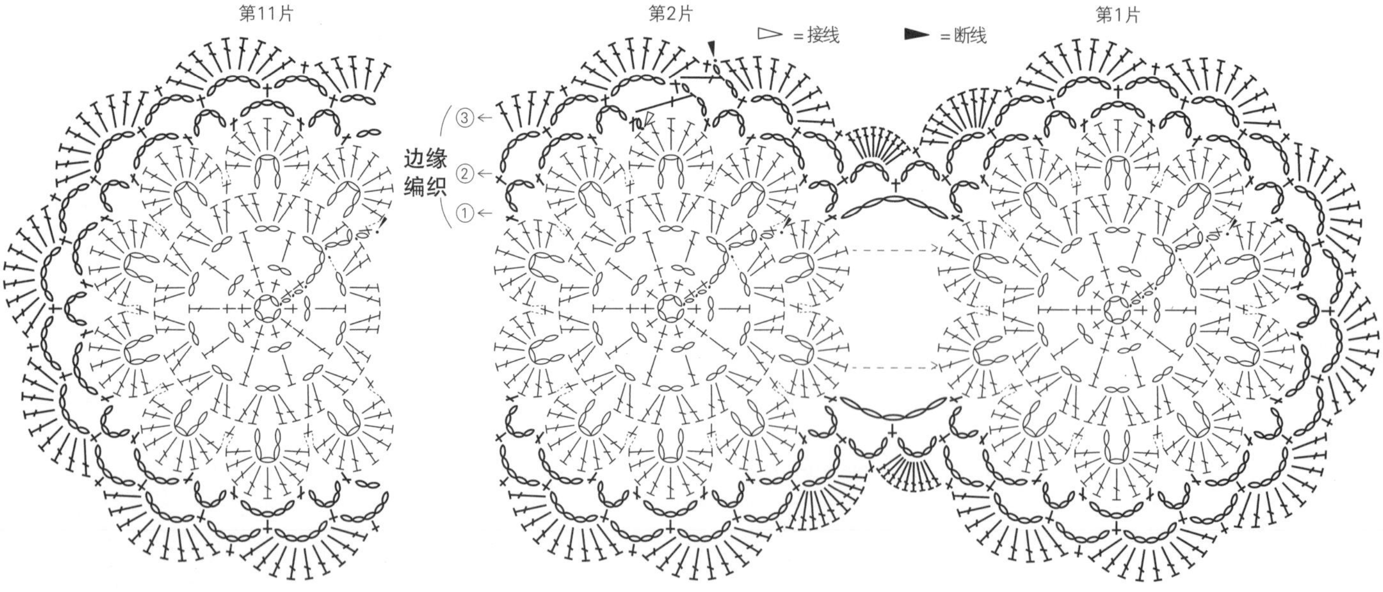

P29

20

●**材料工具**

用线 Wister Sylphide Mohair 蓝色（36）

M号…210g/7团 L号…240g/8团

纽扣 直径1.5cm…6颗

钩针 M号…5/0号 L号…6/0号

●**成品尺寸**

M号…胸围102cm，衣长59cm，连肩袖长35.5cm

L号…胸围106cm，衣长62.5cm，连肩袖长37cm

●**密度** 10cm×10cm面积内：编织花样A、B均为：M号…21.5针，8.5行；L号…20.5针，8行

●**编织要点**

M号和L号使用不同的针号钩织，编织图相同。

后身片 在后背中央的编织花样A切换位置钩织锁针起针，从锁针的里山挑针开始钩织编织花样A、B。斜肩、领窝参照图1钩织。编织花样A'从起针处挑针，从编织花样A的第2行开始钩织。挑针位置是锁针时成束挑起钩织。换成编织花样B，钩织至下摆。在下摆开衩止位做好对齐标记。继续做边缘编织，编织结束时休线备用。

前身片 与后身片编织要领相同，以前身片中心为界左右对称钩织。右前领窝参照图2、左前领窝参照图3钩织。

组合 将后身片和前身片的肩部正面相对，对齐后做卷针缝缝合。胁部、袖下用引拔针和锁针接合。在右前身片下摆的胁边接线，在前身片下摆、前门襟、领子钩织3行边缘编织。在右前门襟留出扣眼。用右后身片留下的线在右胁开衩处钩织引拔针。用左前身片下摆的线在左胁开衩处钩织引拔针。在左前门襟缝上纽扣。

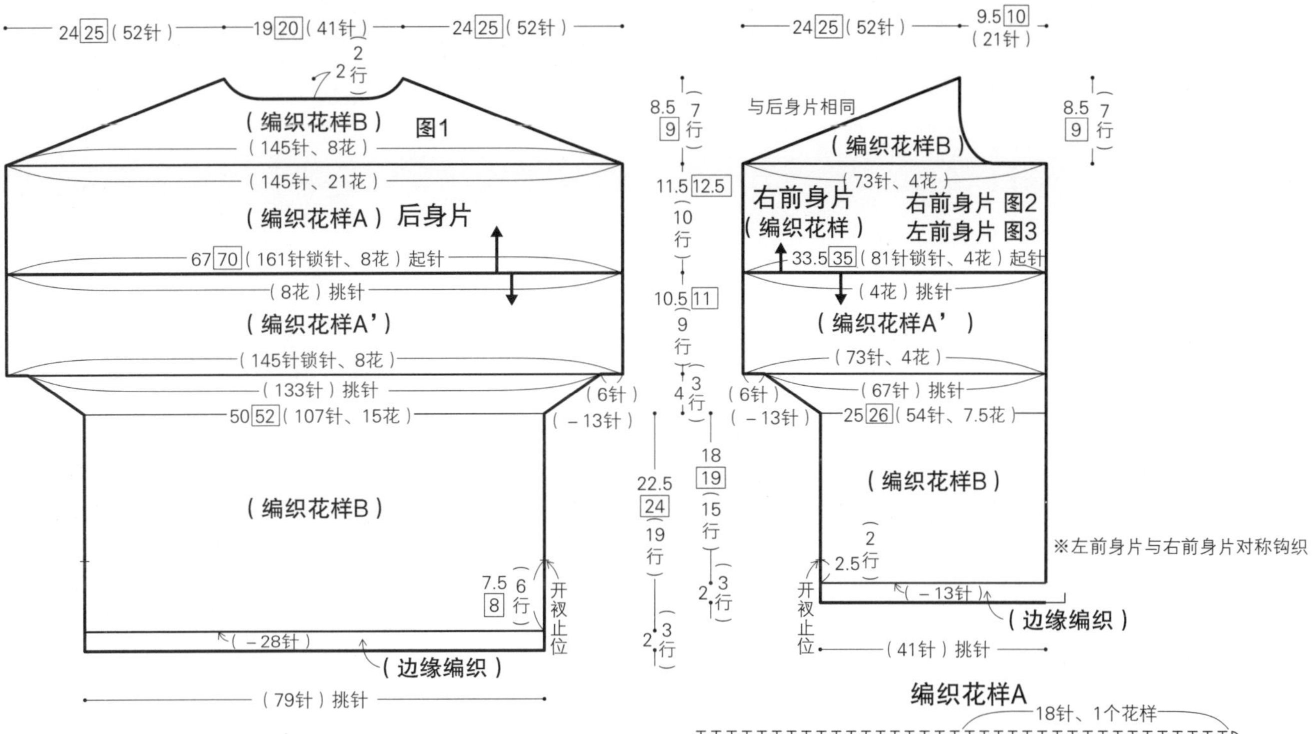

※M号全部用5/0号钩针、L号全部用6/0号钩针编织

※□=L号

※花=个花样

※ 前门襟、领子、袖口的编织方法参见P85

编织花样B

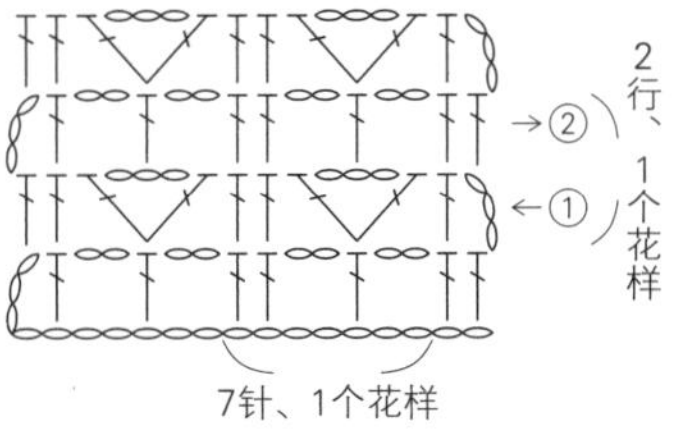

边缘编织（袖口）

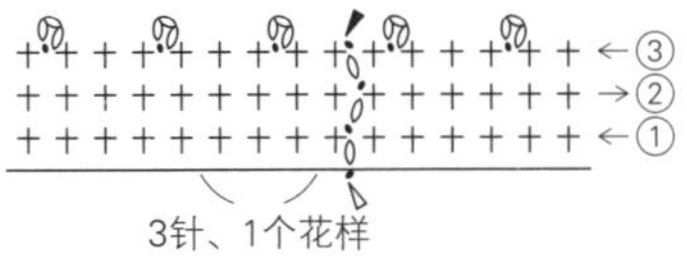

⊳ = 接线

◄ = 断线

编织花样A

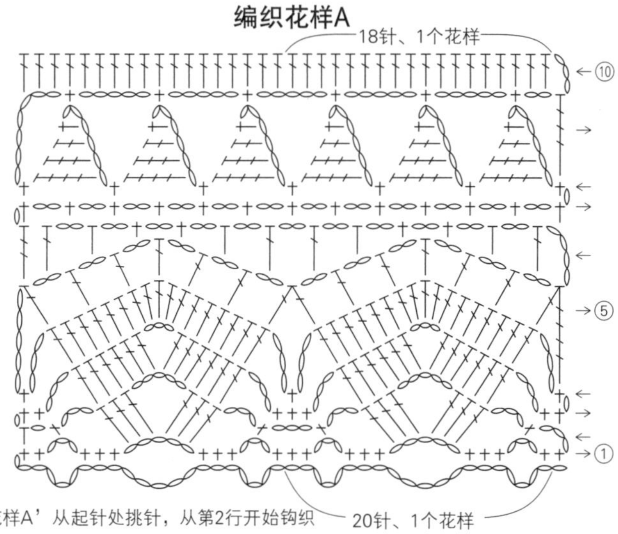

※编织花样A'从起针处挑针，从第2行开始钩织

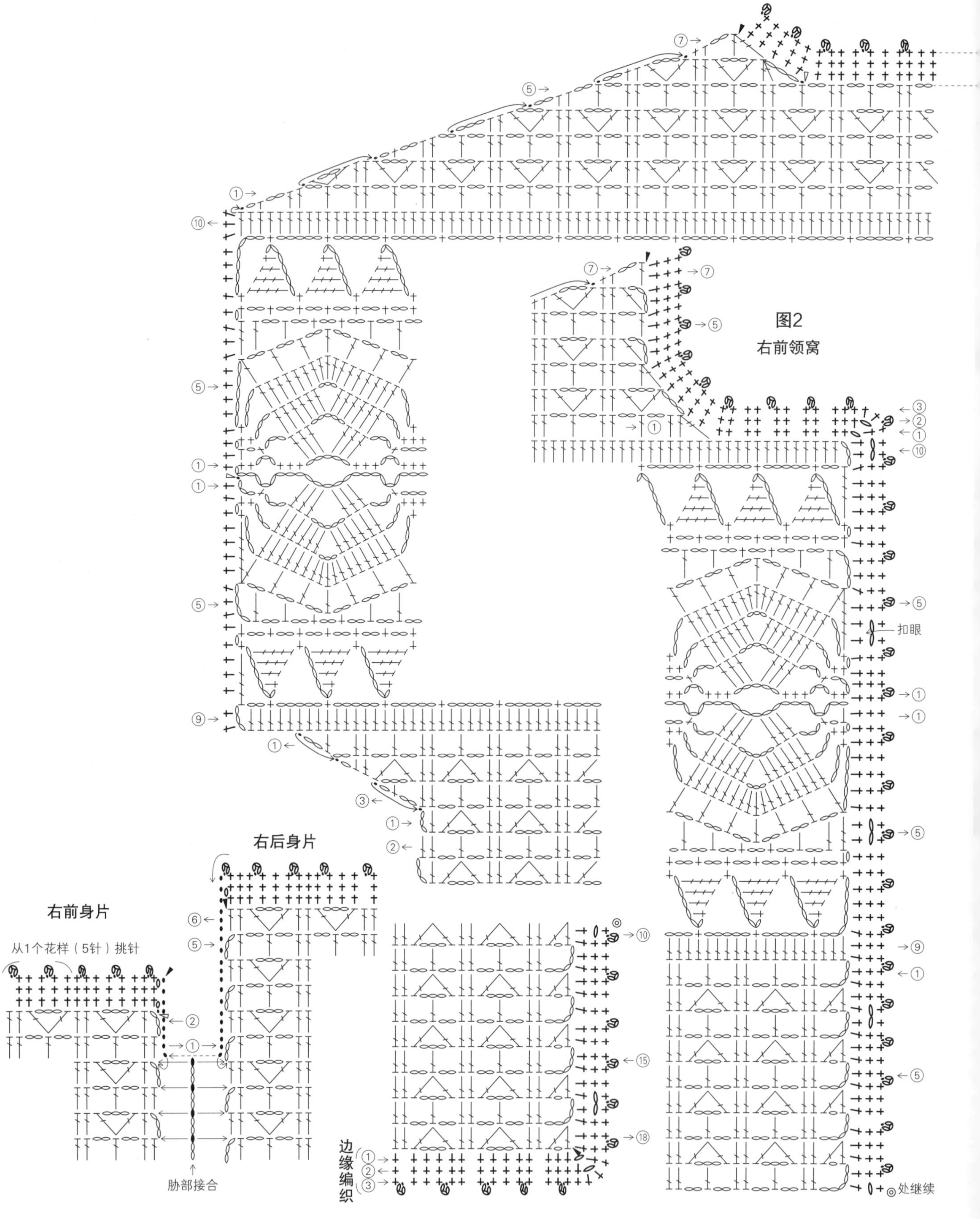
图2
右前领窝
扣眼
处继续
右后身片
右前身片
从1个花样（5针）挑针
肋部接合
边缘编织

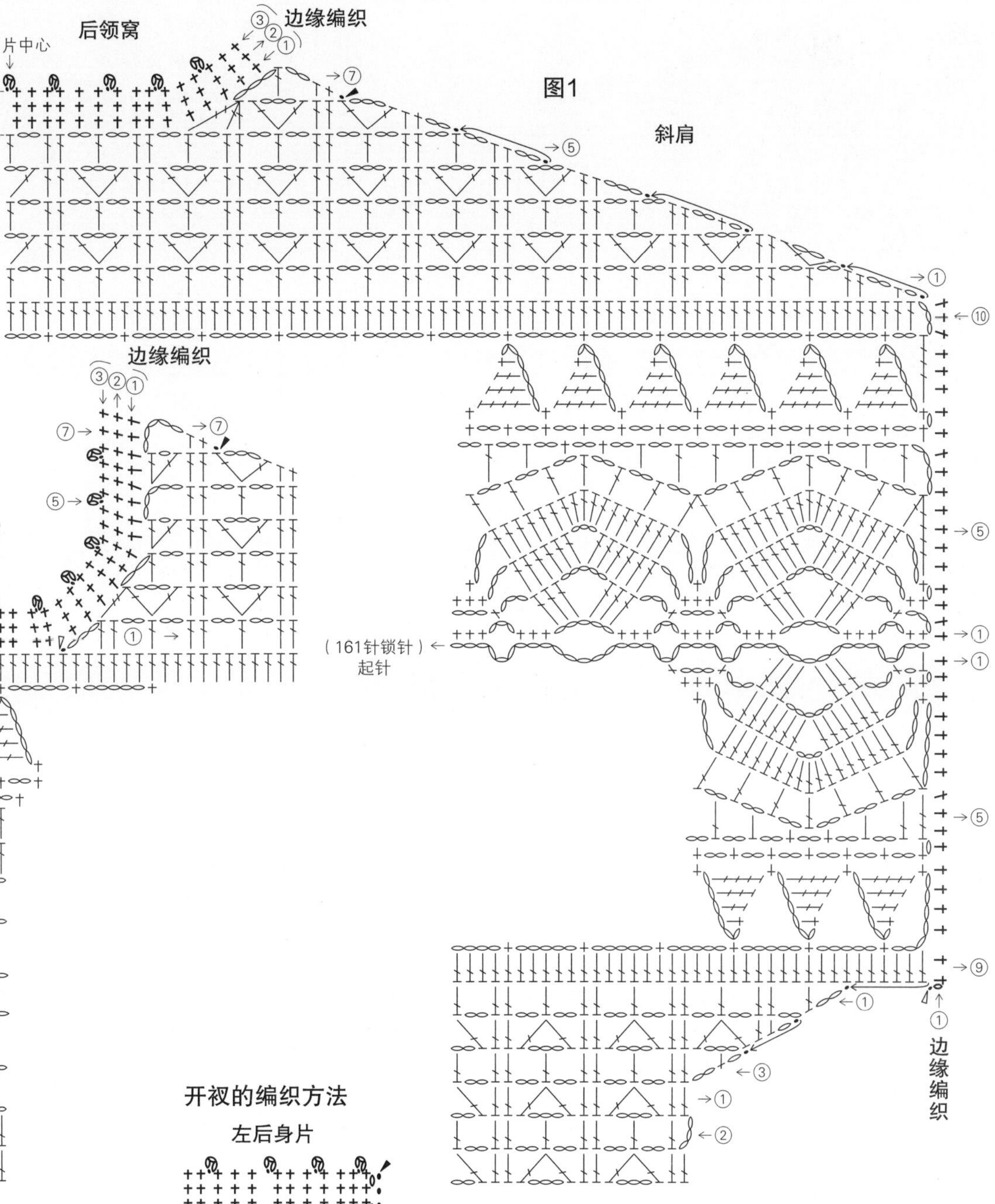
图1
后领窝
后身片中心
边缘编织
③ ② ①
→⑦
斜肩
→⑤
→①
←⑩
→⑤
→①
→①
（161针锁针）←
起针
→⑤
→⑨
①
←①
←③
→①
←②
边缘编织

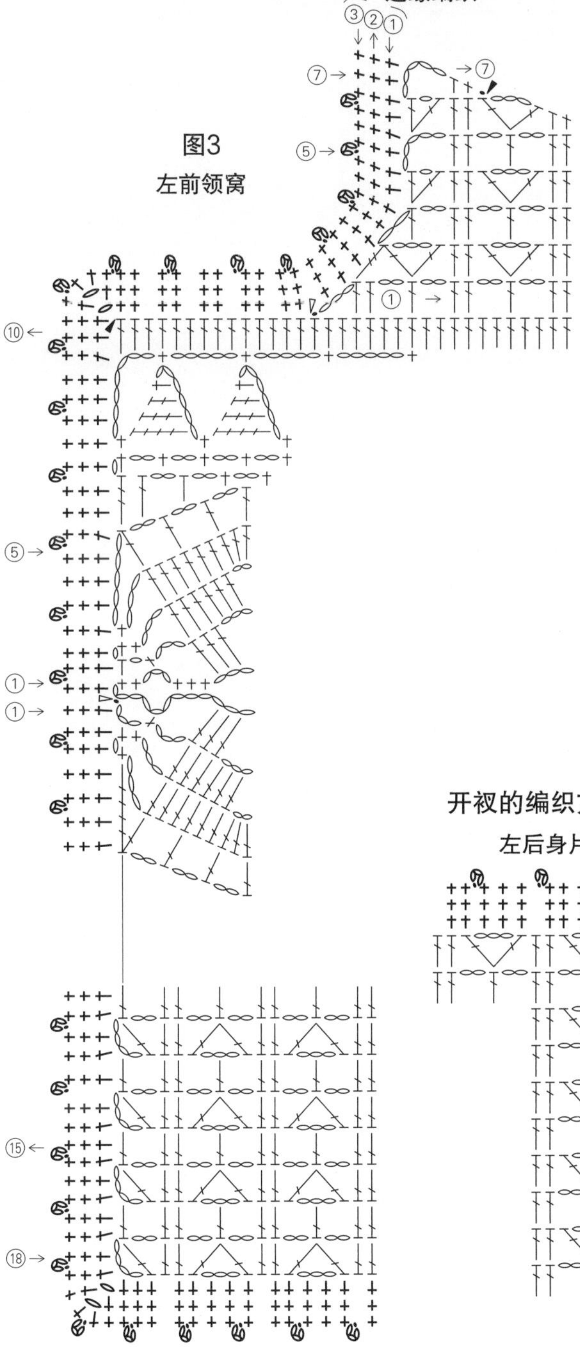
图3
左前领窝
边缘编织
③ ② ①
⑦→
→⑦
⑤→
①→
⑩←
⑤→
①→
①→
⑮←
⑱→

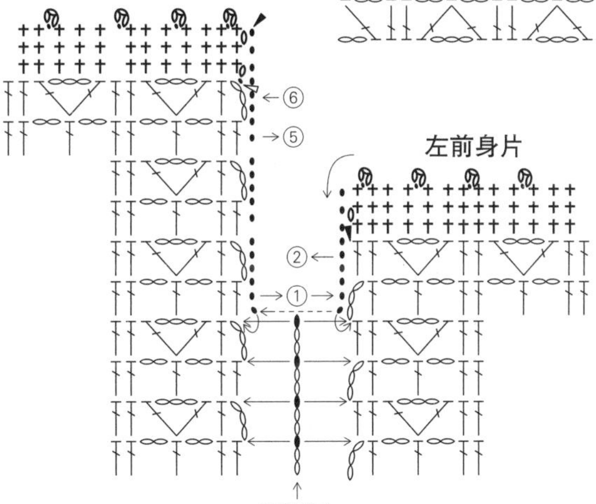
开衩的编织方法
左后身片
←⑥
→⑤
左前身片
②←
→①
肋部接合

= 渡线
= 接线
= 剪线

18

P26、27

●材料工具

用线　M号…Wister Elegance Mohair 橘黄色系段染(22)215g/9团　L号…Wister Mohair 玫瑰粉色(13)250g/10团

纽扣　直径2.5cm…1颗

钩针　5/0号

●成品尺寸　M号…胸围96cm，肩背宽36cm，衣长52.5cm，袖长34cm

L号…胸围110cm，肩背宽41cm，衣长56.5cm，袖长34cm

●密度　10cm×10cm面积内：编织花样B 24针，9.5行；编织花样C 25针，9.5行

●编织要点

后身片　在下摆位置钩织锁针起针，从锁针的半针和里山挑针开始钩织。钩织2行编织花样A，然后排列编织花样B、C继续钩织。袖窿、领窝参照图1钩织。

前身片　与后身片编织要领相同，以前身片中心为界左右对称钩织。在中心一侧钩织编织花样A'。右前领窝参照图2、左前领窝参照图3钩织。

袖子　与后身片编织要领相同，在袖子中央钩织编织花样C，袖下参照图4钩织。

组合　将后身片和前身片的肩部正面相对，用引拔针和锁针接合。胁部、袖下用引拔针和锁针接合。领子钩织3行短针，在右前身片接线钩织扣襻。袖子用引拔针与身片接合，在左前身片缝上纽扣。

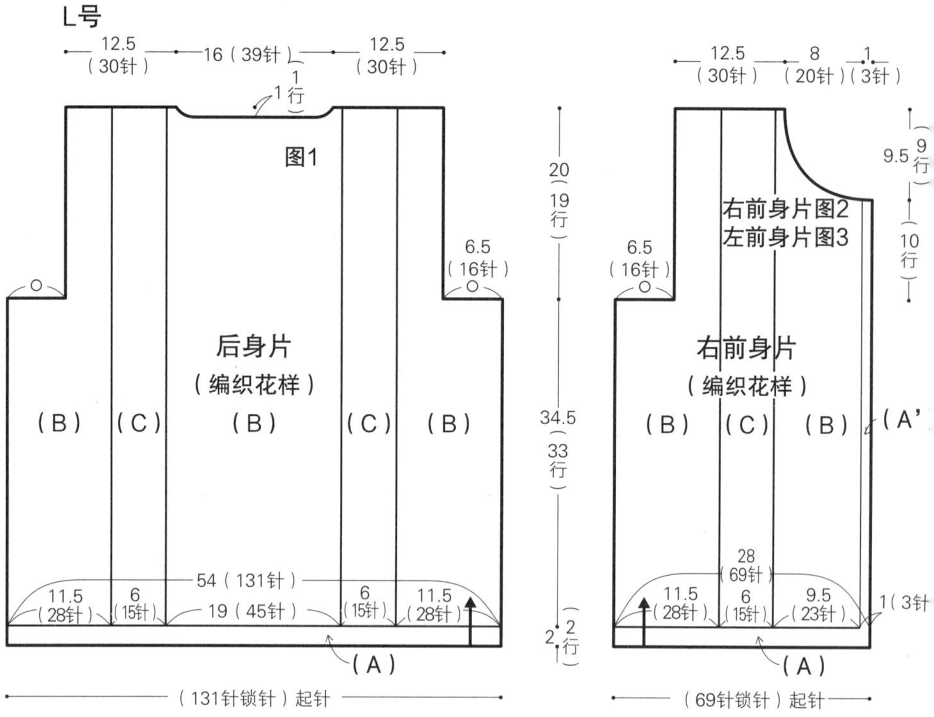

※全部用5/0号钩针编织

※左前身片与右前身片对称钩织

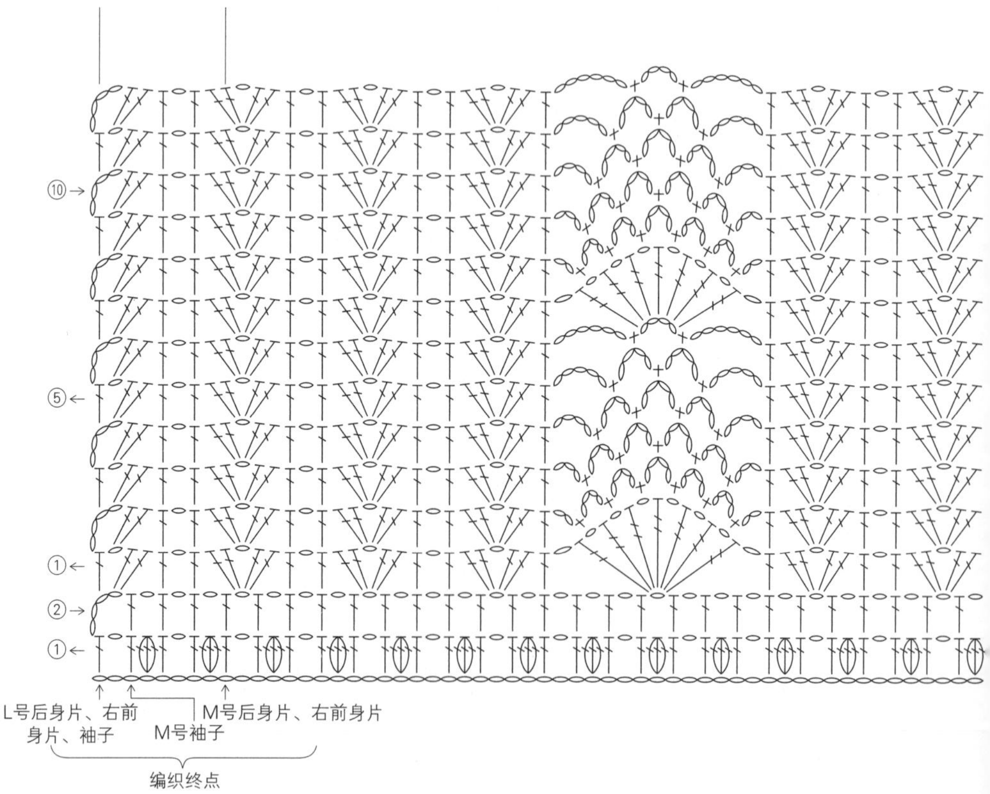

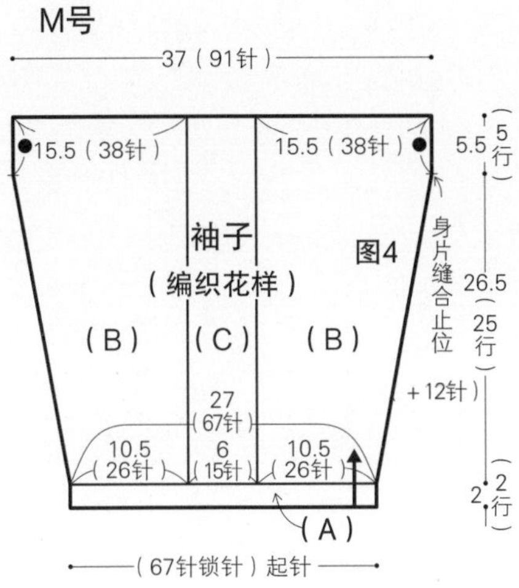

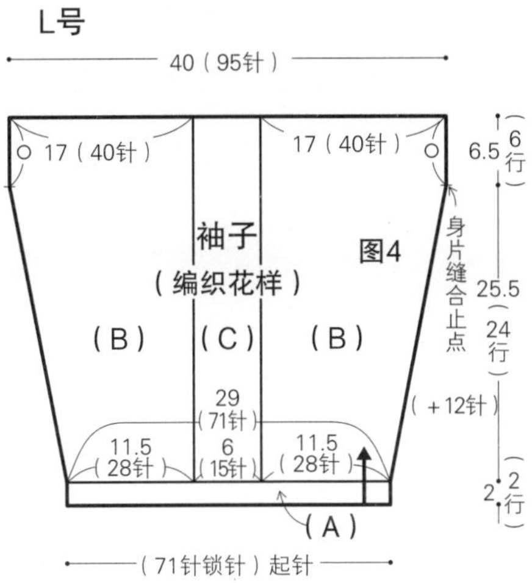

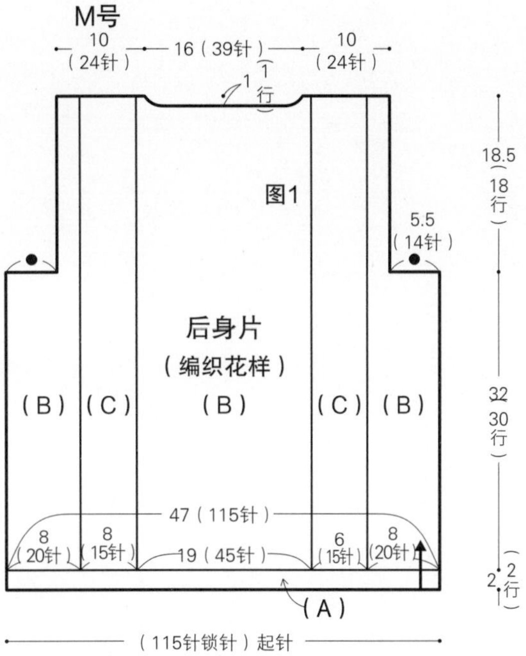

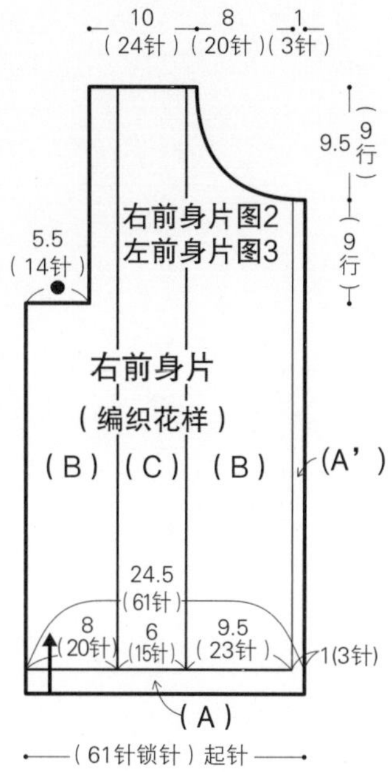

※全部用5/0号钩针编织

※左前身片与右前身片对称钩织

领子（短针）

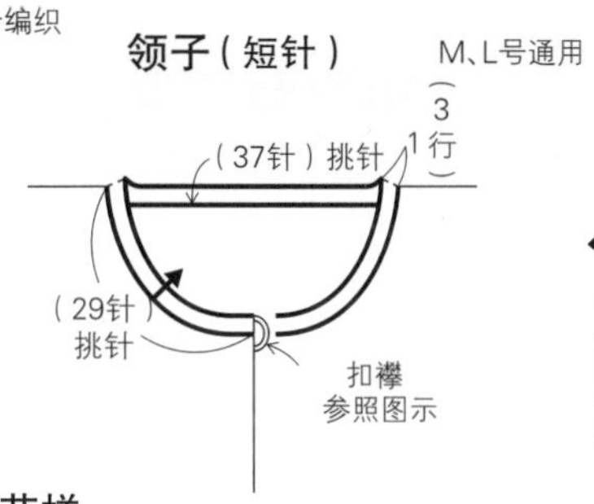

短针

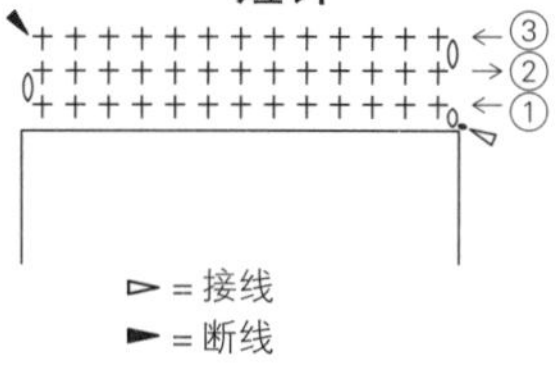

编织花样

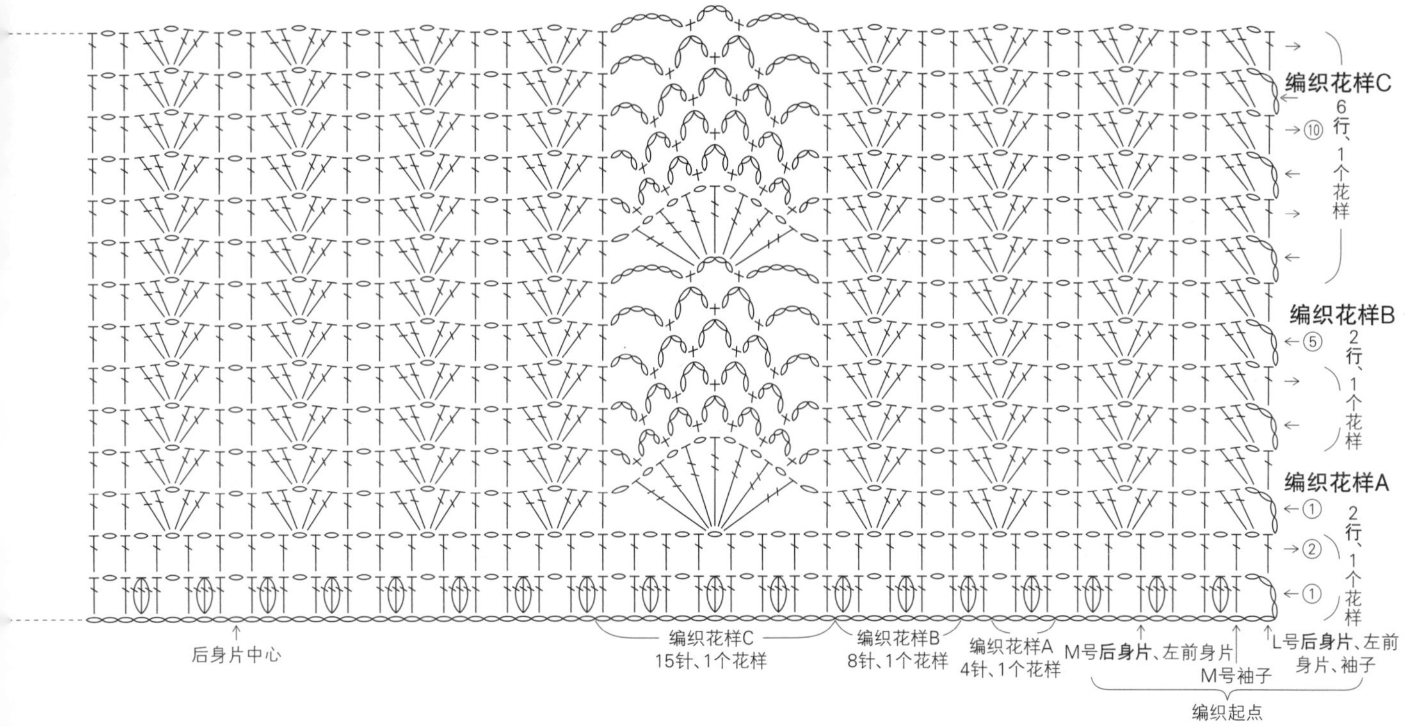

图3
左前领窝

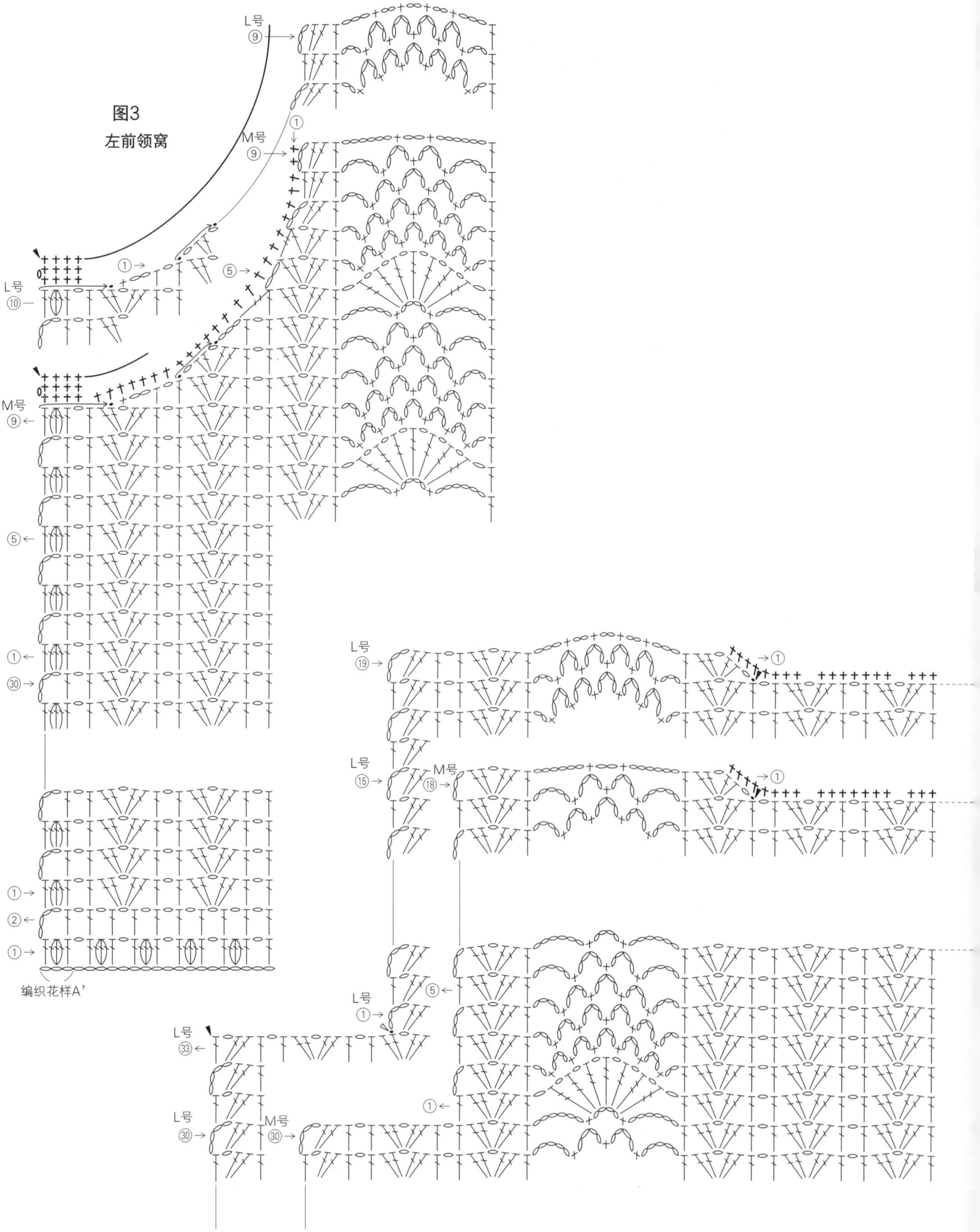
L号 ⑨
M号 ⑨
①
⑤
L号 ⑩
M号 ⑨
⑤
①
㉚
①
②
①
编织花样A'
L号 ⑲
①
L号 ⑮
M号 ⑱
①
⑤
L号 ①
L号 ㉝
①
L号 ㉚
M号 ㉚

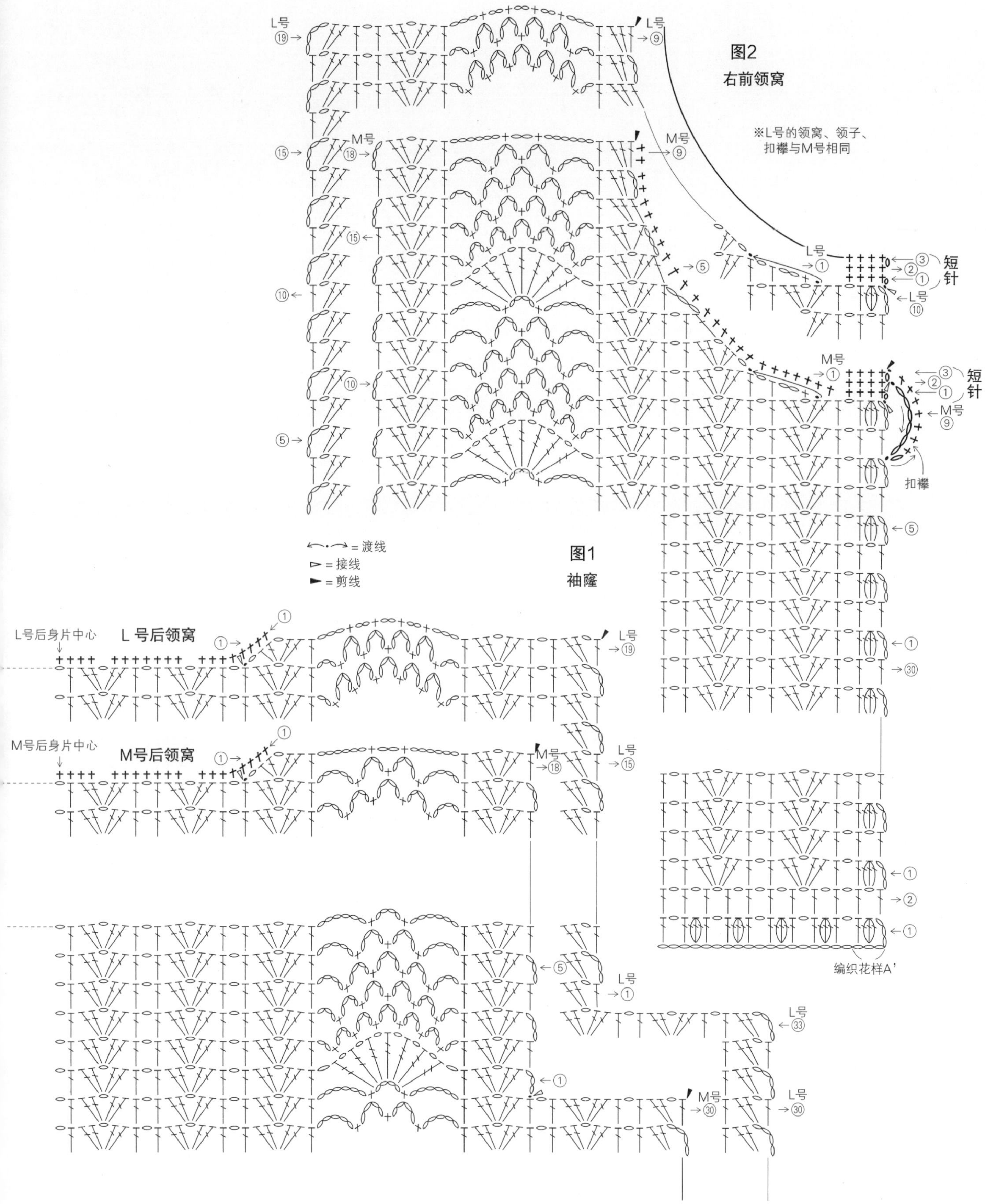

图2
右前领窝
※L号的领窝、领子、扣襻与M号相同
短针
扣襻
编织花样A'
= 渡线
= 接线
= 剪线
图1
袖窿
L号后身片中心
L 号后领窝
M号后身片中心
M号后领窝
L号
M号

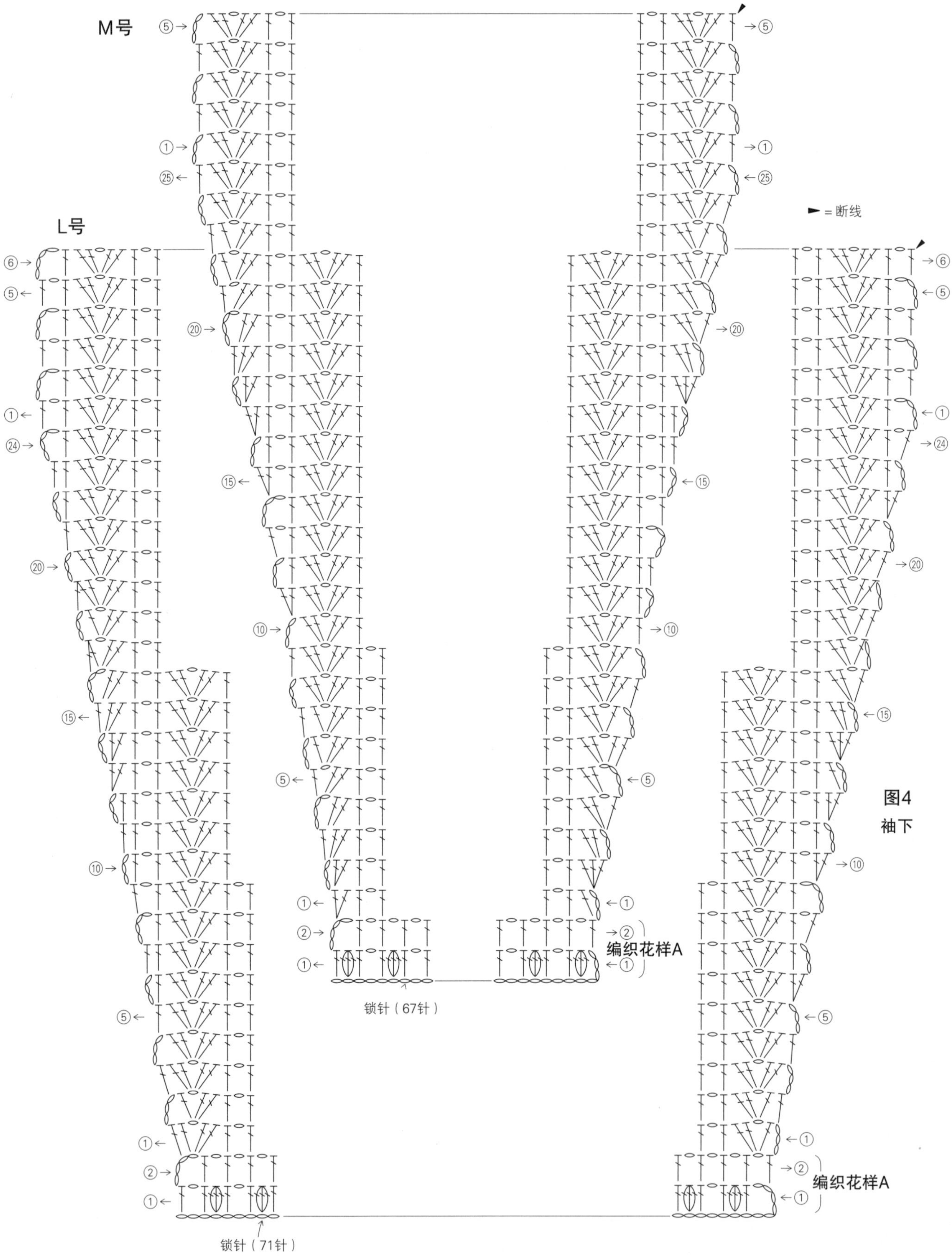

图4
袖下

P31

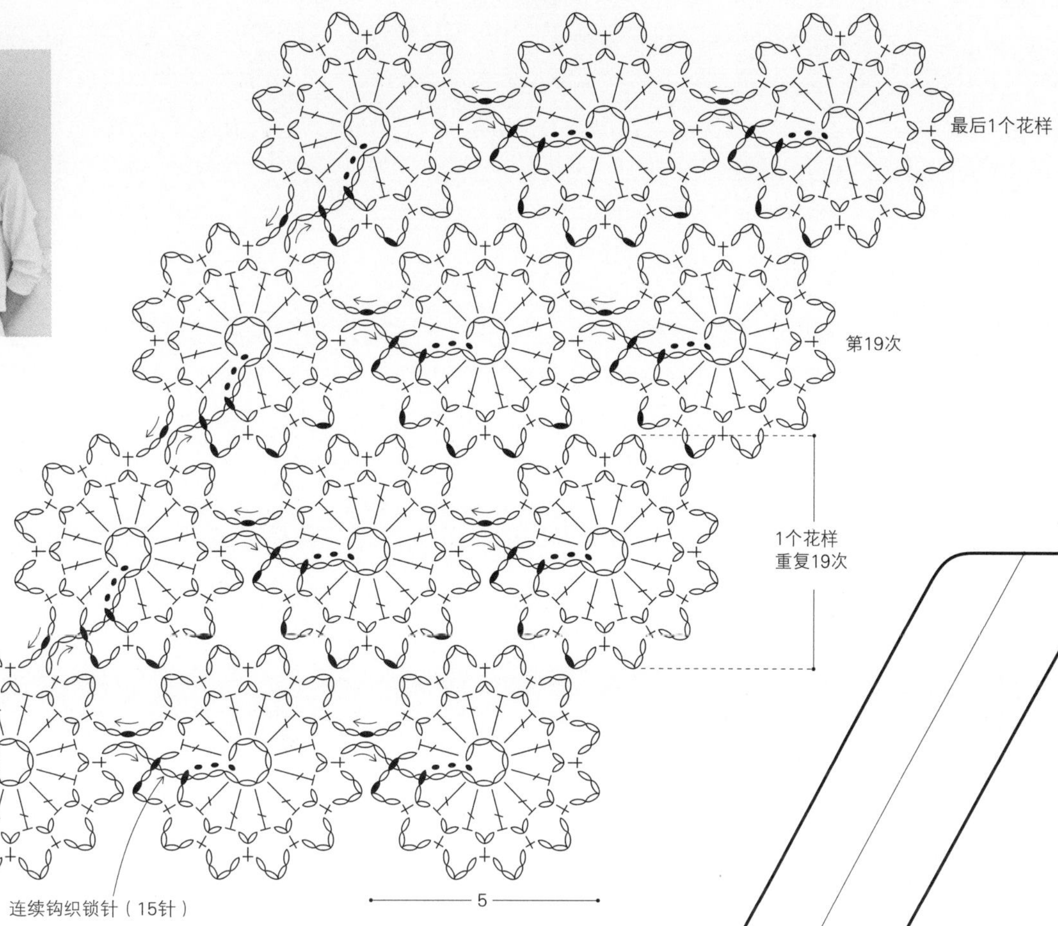

迷你围巾
（连编花片的编织花样）

5/0号

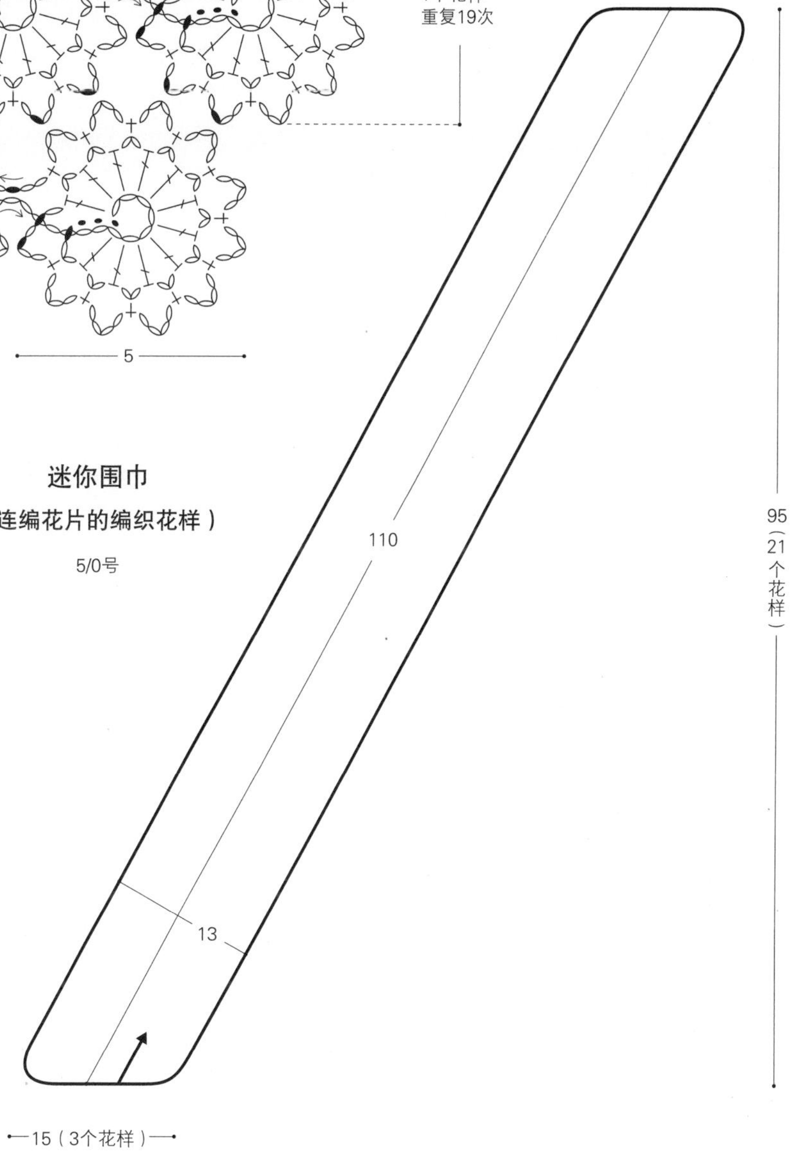

●**材料工具**

用线　Wister Mohair　嫩绿色（11）40g/2团

钩针　5/0号

●**成品尺寸**　长110cm，宽13cm

●**花片尺寸**　直径5cm

●**编织要点**

钩织连编花片完成编织花样。

在第1片花片的中心位置钩织锁针起针后引拔成环，钩织第1圈。第2圈钩织完6山后开始钩织第2片花片。第2片花片的第2圈也钩织6山。用同样的方法钩织第3片花片，注意第3片花片的第2圈钩织11山，在与第2片花片连接的锁针上钩织引拔针，接着钩织第2片花片的第2圈。继续钩织第1片花片的第2圈，钩织1山后准备钩织第2列花片。后面参照符号图继续钩织，最后返回钩织完左侧的山。

图书在版编目（CIP）数据

美丽的秋冬手编. 4，基本款服饰的必备外搭／日本宝库社编著；蒋幼幼译. —郑州：河南科学技术出版社，2017. 1
ISBN 978-7-5349-7572-1

Ⅰ. ①美… Ⅱ. ①日… ②蒋… Ⅲ. ①绒线—编织—图解 Ⅳ. ①TS935.5-64

中国版本图书馆CIP数据核字(2017)第007354号

出版发行：河南科学技术出版社
地址：郑州市经五路66号 邮编：450002
电话：（0371）65737028 65788613
网址：www.hnstp.cn
策划编辑：刘 欣
责任编辑：张 培
责任校对：张小玲
封面设计：张 伟
责任印制：张艳芳
印 刷：北京盛通印刷股份有限公司
经 销：全国新华书店
幅面尺寸：213 mm × 285 mm 印张：6 字数：170 千字
版 次：2017 年 1 月第 1 版 2017 年 1 月第 1 次印刷
定 价：36.00 元